Claus Kühnel

Arduino

Claus Kühnel

Arduino

Hard- und Software Open Source Plattform

Die Deutsche Bibliothek – CIP-Einheitsaufnahme

Ein Titeldatensatz für diese Publikation ist bei
Der Deutschen Bibliothek erhältlich.

© 2011 Skript Verlag Kühnel, CH-8852 Altendorf

Dieses Buch und die beschriebenen Schaltungen, Verfahren und Programme wurden sorgfältig erstellt und getestet. Trotzdem können Fehler und Irrtümer nicht ausgeschlossen werden.

Verlag und Autor sind dankbar für Hinweise auf Fehler, übernehmen jedoch keinerlei Verantwortung für die uneingeschränkte Richtigkeit und Anwendbarkeit des Buchinhalts. Jegliche juristische Verantwortung und Haftung wird ausgeschlossen.

Die Informationen im vorliegenden Buch werden ohne Rücksicht auf einen eventuellen Patentschutz veröffentlicht. Alle in diesem Buch vorkommenden Marken- und Handelsnamen sind Eigentum ihrer jeweiligen Besitzer und unterliegen den einschlägigen gesetzlichen Bestimmungen. Das Fehlen einer gesonderten Kennzeichnung bedeutet nicht, dass es sich dabei um einen freien Namen handelt.

Dieses Buch ist als Ganzes und in Teilen urheberrechtlich geschützt.

Jede Verwertung ohne schriftliche Genehmigung des Verlags ist unzulässig und strafbar. Dies gilt insbesondere für Vervielfältigungen jeder Art, Übersetzungen, Mikroverfilmungen und für die Einspeicherung in elektronische Systeme.

Alle Rechte vorbehalten. All rights reserved.

ISBN 978-3-907857-16-8

Vorwort

Arduino bezeichnet eine aus Hard- und Software bestehende Plattform für das „Physical Computing".

Mit Physical Computing wird die Reaktion von Systemen aus Hard- und Software auf Ereignisse der realen (analogen) Welt bzw. die Einwirkung auf diese beschrieben. Neben der Einflussnahme über Hard- und Software auf die Umgebung steht die Mensch-Maschine-Interaktion im Vordergrund.

Sensoren erfassen die meist analogen Daten und stellen diese einem Mikrocontroller zur Verfügung. Die Software verknüpft diese Eingangsdaten und erzeugt Ausgangsdaten, die über Aktoren, wie Motoren, Tongeber, Displays u.a.m. auf den betreffenden Prozess bzw. die Umwelt zurückwirken.

Die Arduino Hardware besteht aus einfachen Boards mit einem Atmel AVR Mikrocontroller, der analoge und digitale Ein- und Ausgänge zur Verfügung stellt. Es ist eine große Zahl von Arduino Clones am Markt verfügbar, deren Aufbau und Funktionalität aber weitgehend identisch sind.

Die Programmierung des Arduino Boards erfolgt in Wiring, einer auf C/C++ aufbauenden Programmiersprache. So nimmt es auch nicht weiter Wunder, dass der GNU C/C++ Compiler zum Einsatz kommt.

Die Arduino Entwicklungsumgebung beruht auf Processing (das ist ein Java-Dialekt), die insbesondere Künstlern, Designern, Hobbyisten und anderen Interessierten den Zugang zur Programmierung und zu Mikrocontrollern erleichtern soll.

Das Arduino-Projekt wurde 2006 in der Kategorie Digital Communities mit dem Prix Ars Electronica ausgezeichnet.

Dem Arduino-Team Massimo Banzi, David Cuartielles, Tom Igoe, Gianluca Martino und David Mellis gilt der Dank für diese Initiative und der Community für die Erweiterungen, die als Libraries und Anwendungsbeispiele zur Verfügung gestellt werden.

Die Idee zu dieser Veröffentlichung entstand nach Experimenten mit einem Arduino Duemilanove sowie einem Lilypad Arduino.

An Hand von Programmbeispielen, die in einer Folge von Einzelbeiträgen im Sammelwerk "Messen-Steuern-Regeln mit IBM-kompatiblem PCs" des Interest-Verlags veröffentlicht wurden, war gezeigt worden, wie unter Verwendung eines großen Fundus an Libraries schnell und recht unkompliziert interessante Anwendungen erstellt werden können.

Hier werden diese Einzelbeiträge zusammengefasst, so dass der Leser eine Übersicht über zahlreiche Anwendungen in der Hand hat, die durch eine Vielzahl von Applikationen aus dem Internet erweitert werden kann.

Grundkenntnisse zu den AVR-Mikrocontrollern und zur Programmiersprache C/C++ sind für das Nachvollziehen der Programmbeispiele von Vorteil.

Es sind bereits zahlreiche Bücher zu den Arduino Grundlagen erschienen, die gleichsam elektrotechnische Grundlagen vermitteln. Hierauf wir an dieser Stelle nicht eingegangen.

Angesprochen werden sollen Leser, die bereits erste Erfahrungen mit Mikrocontrollern gesammelt haben und nach einer effektiven Plattform für das Umsetzen eigener Ideen in Hard- und Software suchen.

Sowohl die Arduino Hardware als auch die Arduino Software sind im Sinne von Open Source quelloffen.

Der Sourcecode für die Java Umgebung der Entwicklungsumgebung sowie der GNU C/C++ Compiler unterliegen der GNU General Public License (GPL), während die zur Programmierung des Mikrocontrollers eingesetzten C/C++ Bibliotheken der GNU Lesser General Public License (LGPL) unterliegen.

Die Schaltpläne und CAD-Files für die Hardware unterliegen einer Creative Commons Attribution Share-Alike License (CC).

Altendorf, im Juli 2011   Claus Kühnel

Inhalt

1. Lizenzen beim Arduino Projekt..9

2. Arduino Hardware 11
   2.1 Mikrocontroller Boards 11
   2.2 Shields 15
   2.2.1 Übersicht 15
   2.2.2 Arduino ProtoShield Kit 17
   2.2.3 Adafruit MotorShield...18
   2.2.4 Arduino Ethernet Shield...19
   2.2.5 Arduino SD Card Shield...19

3. Arduino IDE 20
   3.1 Installation & Inbetriebnahme..20
   3.2 Programmbearbeitung...21
   3.3 Arduino Programmiersprache..26

4. Arduino Applikationen..27
   4.1 Template..27
   4.2 "Hello World"...28
   4.3 ShiftBrite RGB LEDs 30
   4.4 Adafruit Motor Shield 33
   4.4.1 Installation der Firmware..34
   4.4.2 Ansteuerung von Servos..34
   4.5 Temperaturmessung mit LM75...35
   4.6 Interne analoge IO beim ATmega328...............................43
   4.6.1 Interner ADC und PWM als DAC...................................43
   4.6.2 Interner ADC im Free Running Mode............................46
   4.6.3 Externer ADC/DAC mit PCF8591..................................50
   4.7 Debugging Display..56
   4.8 RTC und SD Card Erweiterung...61
   4.9 RFID Reader...73

5. Netzwerkapplikationen..78
   5.1 Ethernet Shield...78
   5.2 Arduino im Netzwerk 79
   5.3 Hello World...80

5.4   SHT11 am Embedded Webserver..82
5.5   Arduino twittert..92
5.6   Arduino versendet Mail..96

6.   Arduino Interrupts **100**

6.1   Kontakt zur Außenwelt...102
6.2   Interruptsystem des ATmega328.......................................102
6.3   Interruptvektortabelle ATmega328....................................103
6.4   External Interrupts INT0 und INT1....................................105
6.4.1 Register für Interrupts INT0 und INT1..............................105
6.4.2 Programmbeispiel zu den Interrupts INTx 106
6.5   Pin Changed Interrupts PCINTx..108
6.5.1 Register für Interrupts PCINTx 108
6.5.2 Programmbeispiel zu PCINTx Interrupts 109
6.6   Timerinterupts..111
6.6.1 Register für Timer2...112
6.6.2 Register für Timer1...114
6.6.3 Programmbeispiel zu Timer2...115
6.6.4 Programmbeispiel zu Timer1...118
6.7   Watchdog...120
6.7.1 Watchdog Register..121
6.7.2 Programmbeispiel Watchdog Interrupt 122
6.8   Analog Comparator...124
6.8.1 Register für den Analog Comparator.................................125
6.8.2 Programmbeispiel Analog Comparator..............................126
6.9   Analog/Digital-Umsetzer..128
6.9.1 Register des AD-Umsetzers..129
6.9.2 Programmbeispiele zu AD-Umsetzung..............................132
6.9.2.1. Softwaregetriggerte AD-Umsetzung..............................132
6.9.2.2. Free-Running AD-Umsetzung......................................132
6.9.2.3. Timmergetriggerte AD-Umsetzung...............................135
6.10   Zusammenfassung 139

7.   Arduino Software Release Notes..**140**

8.   Referenzen...**145**

9.   Index..**148**

1. Lizenzen beim Arduino Projekt

Wie im Vorwort erwähnt, müssen wir uns beim Arduino Projekt mit den Lizenzen GPL, LGPL und CC auseinandersetzen. Allen Lizenzen gemeinsam ist der Schutz der Urheber.

Die in Tabelle 1 gezeigte Zusammenstellung zeigt vereinfacht die einzelnen Lizenzbestimmungen:

Lizenz	Lizenzbestimmungen
GPL	Das Programm darf ohne jede Einschränkung für jeden Zweck genutzt werden. Kommerzielle Nutzung ist hierbei ausdrücklich erlaubt. Kopien des Programms dürfen verteilt werden, wobei der Quellcode mit verteilt oder dem Empfänger des Programms auf Anfrage zur Verfügung gestellt werden muss. Dem Empfänger müssen dieselben Freiheiten gewährt werden. Das Programm darf den eigenen Bedürfnissen angepasst werden. Veränderte Versionen des Programms dürfen nur unter den o.a. Bedingungen vertrieben werden, wobei dem Empfänger des Programms der Quellcode der veränderten Version verfügbar gemacht werden muss. Lizenztext der GNU GENERAL PUBLIC LICENSE unter http://www.gnu.org/licenses/gpl-3.0.html
LGPL	Im Gegensatz zur GPL dürfen alle Programme, welche LGPL-lizenzierte Software nur extern benutzen, zum Beispiel als Programmbibliothek, ihre eigene Lizenz behalten. Damit eignet sich die LGPL besonders als Lizenz für Bibliotheken, deren Benutzung man auch Programmierern proprietärer Programme erlauben will. Soll die unter der LGPL lizenzierte Software dagegen fest in ein anderes Programm eingebunden werden, muss auch das andere Programm unter der LGPL bzw. einer kompatiblen Lizenz stehen. Lizenztext der GNU LESSER GENERAL PUBLIC LICENSE unter http://www.gnu.org/licenses/lgpl-3.0.html

Creative Commons (CC) ist eine Non-Profit-Organisation, die in Form vorgefertigter Lizenzverträge eine Hilfestellung für die Veröffentlichung und Verbreitung digitaler Medieninhalte anbietet.

Ganz konkret bietet CC sechs verschiedene Standard-Lizenzverträge an, die bei der Verbreitung kreativer Inhalte genutzt werden können, um die rechtlichen Bedingungen festzulegen (siehe Tabelle 2).

Lizenzbeschreibungen unter http://creativecommons.org/licenses

Tabelle 1   Übersicht zu Lizenzen der Free Software Foundation und Creative Commons

Symbol	Lizenzbedingungen
	Namensnennung
	Namensnennung – Keine Bearbeitung
	Namensnennung – Nicht Kommerziell
	Namensnennung – Nicht Kommerziell – Keine Bearbeitung
	Namensnennung – Nicht Kommerziell - Weitergabe unter gleichen Bedingungen
	Namensnennung - Weitergabe unter gleichen Bedingungen

Tabelle 2   Creative Commons Lizenzen (Arduino schattiert)

Die im Rahmen dieses Buches vorgestellten Programmbeispiele unterliegen alle der GPL und können unter den genannten Bedingungen beliebig weiterverwendet werden.

2. Arduino Hardware

2.1 Mikrocontroller Boards

Das Arduino Board gibt es in verschiedenen Versionen. Das gegenwärtige Basic Board ist Arduino Uno, dessen Kern ein ATmega328 von Atmel ist.

Der Übersicht halber werden hier nur solche Arduino Boards kurz vorgestellt, die zusammen mit den sogenannten Shields als Peripherieerweiterung (shield-compatible) eingesetzt werden können. Eine komplette Übersicht zu den Arduino Boards ist unter http://arduino.cc/en/Main/Hardware zu finden.

Die folgenden Abbildungen zeigen eine Auswahl verschiedener Shield-kompatibler Arduino Boards.

Abbildung 1   Arduino Uno

Abbildung 2   Arduino Duemilanove

Abbildung 3   Arduino Mega 2560

Der in Abbildung 1 gezeigte Arduino Uno ist die letzte Revision der Arduino Basic Boards. Der Arduino Uno unterscheidet sich von seinen Vorgängern durch das USB-RS232-Interface. An Stelle des FTDI USB-to-Serial Driver Chips kommt hier ein Atmega8U2 zum Einsatz, der als USB-to-Serial Converter programmiert ist. Uno weist auf die kommende Version 1.0 der Arduino Software hin. Diese Kombination wird in Zukunft als Referenz dienen.

Der in Abbildung 2 gezeigte Arduino Duemilanove (Arduino 2009) ist bis auf das besagte USB-Interface identisch zum Arduino Uno.

Wem die durch den ATmega328 gegebenen Ressourcen nicht ausreichend sind, der kann sich dem auf dem ATmega2560 aufbauenden Arduino Mega 2560 zuwenden. Abbildung 3 zeigt das um einige Anschlüsse erweiterte Board des Arduino Mega 2560, welches aber dennoch zu den meisten Arduino Shields kompatibel ist.

Neben den originalen Arduino Boards gibt es eine zunehmende Zahl von Arduino Clones. Google hilft nach Eingabe von „arduino compatible board" diese zu finden. Außerdem findet man unter http://en.wikipedia.org/wiki/Arduino#Clones eine Zusammenstellung zahlreicher Arduino Clones (shield-compatible; bootloader-compatible) gelistet.

Im Folgenden werden wir uns auf die Betrachtung des Arduino Duemilanove als repräsentatives Beispiel beschränken. Der Aufbau des Arduino Duemilanove mit seinen Schnittstellen war bereits in Abbildung 2 gezeigt.

An der Oberkante des Arduino Duemilanove Boards befinden sich zwei achtpolige Buchsenleisten, die den Zugang zu den digitalen I/O Pins 0-13, zur analogen Referenzspannung AREF und zu Ground GND ermöglichen.

An der Unterkante sind zwei sechspolige Buchsenleisten zur Kontaktierung der sechs analogen Eingänge Analog In 0-5, sowie der Versorgungsspannungen und Reset. Die Zuordnung der Anschlüsse des Arduino Duemilanove zu den Pins des ATmega328 (und den Alternativfunktionen) zeigen die folgenden Tabellen:

I/O	0	1	2	3	4	5	6	7
AVR	PD0	PD1	PD2	PD3	PD4	PD5	PD6	PD7
	RxD	TxD	INT0	INT1 / OC2B	T0	T1 / OC0B	AIN0 / OC0A	SCK

I/O	8	9	10	11	12	13
AVR	PB0	PB1	PB2	PB3	PB4	PB5
	ICP1	OC1A	OC1B / SS	OC2A / MOSI	MISO	SCK

Analog In	0	1	2	3	4	5
AVR	PC0	PC1	PC2	PC3	PC4	PC5
	ADC0	ADC1	ADC2	ADC3	ADC4 / SDA	ADC5 / SCL

Das Schaltbild des Arduino Duemilanove zeigt Abbildung 4. Der Schaltungsteil oben links sorgt dafür, dass bei fehlender Spannung VIN die Betriebsspannung von +5 V DC über USB erzeugt wird. Bei Verbindung des Arduino Duemilanove mit dem PC über USB ist also keine weitere Versorgungsspannung erforderlich.

Der Schaltungsteil unten links bildet das USB-RS232-Interface unter Verwendung des Bausteins FT232 von FTDI (http://www.ftdichip.com).

Der Mikrocontroller ATmega168 bzw. ATmega328 wird über einen externen Quarz mit einer Taktfrequenz von 16 MHz versorgt.

Die an Pin 13 angeschlossene LED arbeitet gegen GND, so dass sie durch einen Hi-Pegel an Pin 13 eingeschaltet wird.

Alle weiteren Eigenschaften können dem 448-seitigen Datenblatt zu den ATmega168 bzw. ATmega328 entnommen werden, das von der Atmel Website http://www.atmel.com/dyn/resources/prod_documents/doc8161.pdf heruntergeladen werden kann.

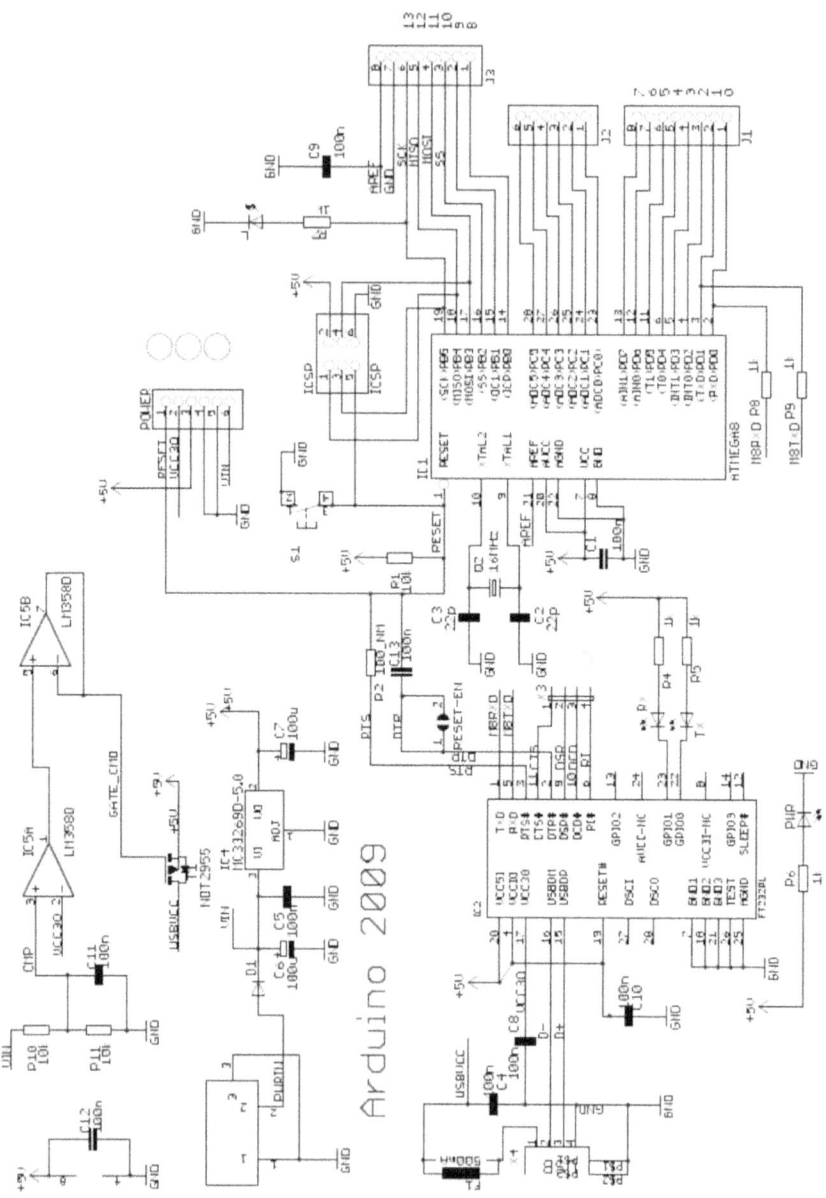

Abbildung 4 Schaltbild Arduino 2009

2.2 Shields

2.2.1 Übersicht

Als Shields werden Boards bezeichnet, die den Arduino Boards durch Aufstecken als Peripherieerweiterung dienen.

Eine umfangreiche Übersicht zu den Arduino Shields ist unter http://www.arduino.cc/en/Main/ArduinoShields oder auch dem Arduino Wiki Playground unter http://www.arduino.cc/playground/Main/SimilarBoards zu finden.

Tabelle 2 zeigt eine Auswahl solcher Shields. Einigen dieser Shields werden wir bei späteren Anwendungen noch begegnen.

Shield	Beschreibung
Arduino ProtoShield Kit	Prototyping wird durch kleines Lochrasterfeld, zwei LEDs und zwei Taster (davon 1x Reset) unterstützt. Anschluss zum BlueSMiRF Socket (Bluetooth Modem) ist vorhanden (http://www.sparkfun.com/commerce/product_info.php?products_id=7914)
XBee Shield	Drahtlose Kommunikation mit Zigbee über Xbee Module von MaxStream (http://www.maxstream.net/products/xbee/xbee-oem-rf-module-zigbee.php)
Motor Control Shield	Steuerung von DC Motoren und Auslesen von Encodern (http://blushingboy.net/p/motorShieldV3/)
TellyMate Shield	Serielle Ansteuerung eines 38x25 Character-Displays auf PAL oder NTSC TV (http://www.batsocks.co.uk/products/Shields/TellyMate%20Shield.htm)
Button Shield	Tastatur mit 32 Tasten (http://antipastohw.blogspot.com/2009/06/live-footage-of-buttonshield-in-wild.html)
Adafruit Wave Shield	Wiedergabe von 22 kHz Audiofiles beliebiger Größe von einer SD Card (http://www.ladyada.net/make/waveshield/)
Adafruit GPS & Datalogging Shield	Verbindet ein GPS Modul und kann Ort, Zeit, Datum und Sensordaten auf einer SD Card abspeichern (http://www.ladyada.net/make/gpsshield/)
TouchShield Slide	Widescreen OLED Touch Screen mit 320x240 Pixeln (http://www.liquidware.com/shop/show/TSL/TouchShield+Slide)
Battery Shield	Batterie Pack mit über USB ladbarer Lithium Ionen Batterie ermöglicht Batteriebetrieb eines Arduino für 14-28 Std. (abhängig von der Beschaltung) http://www.liquidware.com/shop/show/BP/Lithium+BackPack
6-pack	Verbindet sechs Schieberegler mit den analogen Eingängen (http://www.freeduino.de/wiki/arduino-6-pack-slider-shield)
Adafruit Servo/Stepper/DC Motor Shield	Ansteuerung von zwei Hobby Servos und bis zu zwei Unipolar/Bipolar Schrittmotoren oder vier bi-direktionalen DC Motoren (http://www.ladyada.net/make/mshield/)
Liquidware InputShield	Eingabe über zwei Tasten, einen Joystick und einen A-B Selector zur Game- bzw. Robotersteuerung (http://www.liquidware.com/shop/show/INPT/InputShield)

Shield	Beschreibung
Arduino Ethernet Shield	Verbindet ein Arduino Board über ein Wiznet W5100 Ethernet Chip mit dem Internet. Ein Wiznet W5100 stellt einen IP Stack für die Protokolle TCP und UDP zur Verfügung und unterstützt bis zu vier Socketverbindungen (http://www.arduino.cc/en/Main/ArduinoEthernetShield)
Adafruit XPort/Ethernet shield	Internetverbindung über XPort Modul (Client oder Server, http://www.ladyada.net/make/eshield/)
RFIDuino	Lesen und Schreiben von 13.56 MHz ISO-14443A (Mifare) RFID tags - Antenne ist integriert (http://rfid.marcboon.com/#category2.0)
SD card shield for Arduino V2.1	SD Speicherkarten Erweiterung (http://www.seeedstudio.com/depot/sd-card-shield-for-arduino-v21-p-492.html)

Tabelle 2 Arduino Shields (Auswahl)

In den folgenden Abschnitten werden einige ausgewählte Arduino Shields etwas näher vorgestellt. Auf Details wird bei den betreffenden Anwendungsbeispielen eingegangen.

2.2.2 Arduino ProtoShield Kit

Der Aufbau von Versuchsschaltungen wird durch das Arduino Proto-Shield Kit wesentlich vereinfacht. Hierbei handelt es sich um ein Board, welches ein kleines Lochrasterfeld, zwei LEDs und zwei Taster (davon 1x Reset) aufweist. Abbildung 5 zeigt den Aufbau des Arduino Proto-Shields.

Alle Anschlüsse des Arduino Duemilanove sind am Board verfügbar. Ein Anschluss zu einem BlueSMiRF Socket (Bluetooth Modem) ist vorhanden.

Abbildung 5 Arduino ProtoShield

2.2.3 Adafruit MotorShield

Mit dem Adafruit Servo/Stepper/DC Motor Shield können zwei Servos, bis zu vier bidirektionale DC- und bis zu zwei Schrittmotoren (unipolar oder bipolar) angesteuert werden.

Abbildung 6 zeigt ein auf einen Arduino Duemilanove aufgestecktes Adafruit Servo/Stepper/DC Motor Shield.

Abbildung 6 Adafruit Servo/Stepper/DC MotorShield

Die zum Kit gehörenden Motortreiber können bis zu 600 mA pro Motor treiben. Es sind Spitzenströme bis zu 1,2 A möglich.

2.2.4 Arduino Ethernet Shield

Das Arduino Ethernet Shield verbindet ein Arduino Board mit dem Internet. Ein Wiznet W5100 Ethernet Chip stellt einen IP-Stack für TCP und UDP bereit. Es werden bis zu vier Socketverbindungen gleichzeitig unterstützt. Eine Ethernet Library steht zur Verfügung.

Abbildung 7 zeigt das Arduino Ethernet Shield. Der Platz für die nicht unterstützte SD-Card ist hier unbestückt.

Abbildung 7   Arduino Ethernet Shield

Das Arduino Board verwendet SPI (Pins 10, 11, 12, 13), um mit dem W5100 Chip auf dem Ethernet Shield zu kommunizieren. Diese Pins stehen dann nicht mehr für anderweitige I/O Aufgaben zur Verfügung. Der Ethernetanschluss ist die übliche RJ45 Buchse. Der Resettaster auf dem Shield setzt den W5100 Chip und das Arduino Board zurück.

2.2.5 Arduino SD Card Shield

In Abbildung 8 ist die dritte Version des SD Card Shields von Seeedstudio gezeigt. Zur Spannungsversorgung kann zwischen 3.3V oder einem IO Pin selektiert werden. Eine SD Card Library steht unter http://www.seeedstudio.com/depot/images/product/FileLogger.rar zur Verfügung.

Abbildung 8   Arduino SD Card Shield

3. Arduino IDE

Die Open Source Arduino Entwicklungsumgebung (IDE) vereinfacht das Schreiben von Programmen und das Downloaden auf ein Arduino Board erheblich. Die Arduino IDE läuft unter Windows, Mac OS X und Linux und kann von der Arduino Website http://arduino.cc/en/Main/Software heruntergeladen werden.

3.1   Installation & Inbetriebnahme

Die derzeit (März 2011) aktuelle Arduino IDE für Windows kann in der Version 0022 gratis von der Webseite http://arduino.cc/en/Main/Software als ZIP (85.8 MB) heruntergeladen werden. Die Arduino Software wird von Google Code gehostet (http://arduino.googlecode.com/files/arduino-0022.zip).

Um eine lauffähige Entwicklungsumgebung incl. Targetboard zur Verfügung zu haben, sind die folgenden Schritte notwendig:

1. Beschaffung eines Arduino Boards incl. USB-Verbindungskabel zum Entwicklungs-PC
2. Download der Arduino Entwicklungsumgebung von der oben angegebenen URL
3. Installation des USB-Treibers
4. Verbinden des Arduino Boards über USB mit dem Entwicklungs-PC
5. Starten der Arduino Entwicklungsumgebung auf dem Entwicklungs-PC

6. Compilation und Download eines Programms (z.B. Programmbeispiel "Hello World")

7. Überprüfung der Funktion an Hand der blinkenden LED und der Ausgaben am Monitor

Wenn diese Schritte absolviert sind, dann sind alle Vorkehrungen für die Bearbeitung des nächsten Arduino Projektes getroffen. Das erste Projekt ist ja eben mit Erfolg abgeschlossen worden.

Bei den später vorgestellten Applikationsbeispielen werden Programme zu finden sein, die mit den Arduino Software Releases 0018 und 0022 entwickelt wurden. Die Unterschiede der Software Releases sind in Abschnitt 7 ausgewiesen.

Schauen wir uns im Folgenden aber noch die Handhabung der Arduino IDE an.

3.2 Programmbearbeitung

Nach dem Starten der Arduino IDE öffnet sich das in Abbildung 9 gezeigte Fenster, in dem in sogenannten Sketches der Quelltext des Anwenderprogramms eingegeben und editiert werden kann.

Abbildung 9 Sketchfenster der Arduino IDE

Als erstes wird man nun der IDE und damit dem Compiler den eingesetzten Arduino mitteilen. Wie Abbildung 10 zeigt, wurde hier der Arduino Duemilanove auf Basis eines ATmega328 ausgesucht.

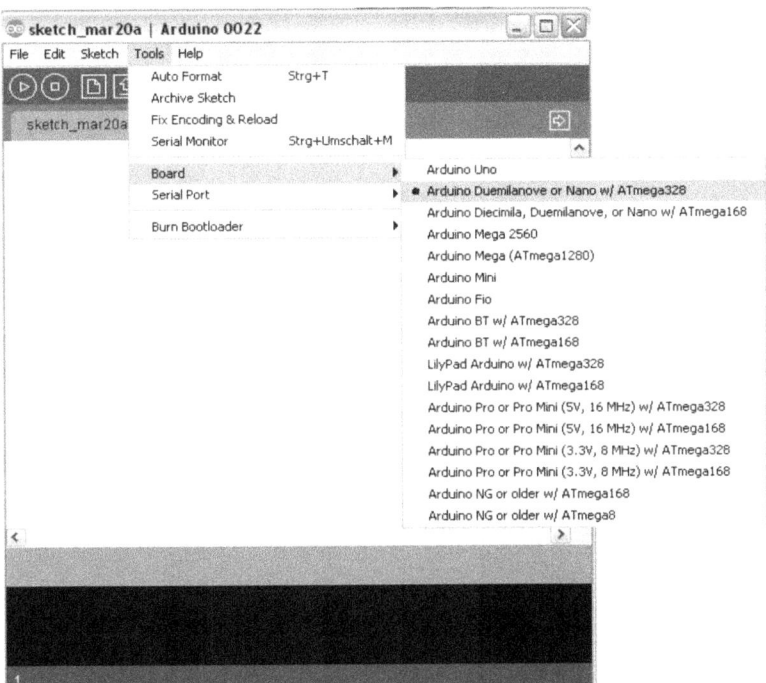

Abbildung 10 Selektion des eingesetzten Arduinos

Die serielle Kommunikation erfolgt über das USB-Interface und ein virtuelles COM-Port auf dem PC. Abbildung 11 zeigt die Zuordnung des COM-Ports, womit alle notwendigen Vorkehrungen für die Bearbeitung eines Arduino Projektes getroffen sind.

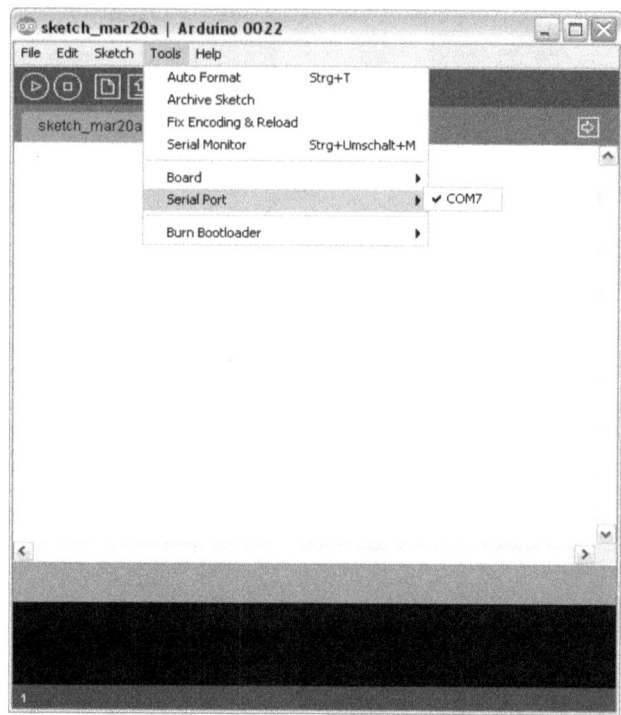

Abbildung 11 Zuordnung eines virtuellen COM-Ports

Nach diesen vorbereitenden Schritten kann mit der Eingabe von Quelltext oder dem Öffnen eines vorhandenen Quelltextes begonnen werden. Abbildung 12 zeigt den Quelltext des Programms „Hello World" (HelloWorld.pde).

Mit diesem schlichten Programm können wir die korrekte Installation der IDE, des Compiler und der anderen Komponenten der GNU Toolchain sowie die angeschlossene Hardware überprüfen.

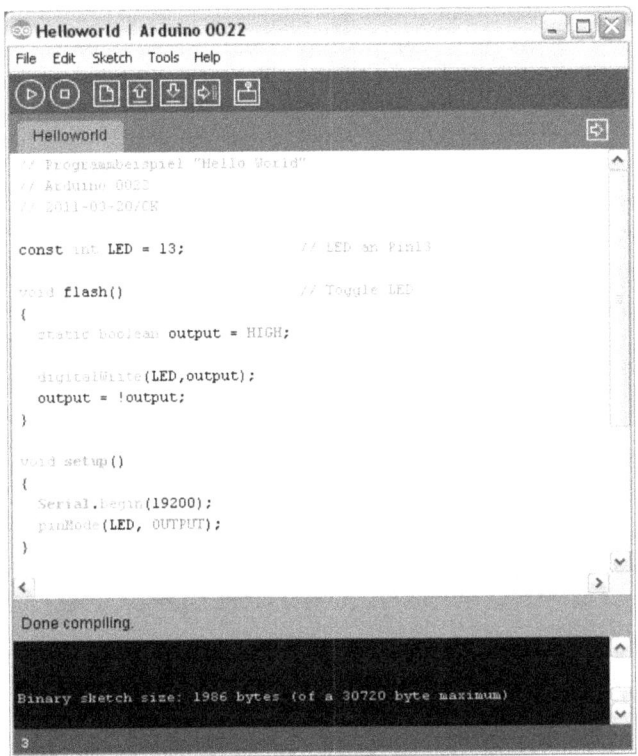

Abbildung 12   Editieren von Quelltext und Compiler Output

Aus Abbildung 12 kann auch der allgemeine Programmaufbau entnommen werden. Geladen wurde der Quelltext des Programms HelloWorld.pde, welches später noch mal im Zusammenhang mit dem ProtoShield betrachtet werden wird.

Die zwei Funktionen *setup()* und *loop()* bestimmen die Programmstruktur eines jeden Arduino Programms.

In der Funktion *setup()* werden Initialisierungen vorgenommen und die Funktion *loop()* stellt die Endlosschleife dar, die die Aktionen des eigentlichen Anwenderprogramms enthält.

Natürlich können außerhalb dieser Routinen weitere Funktionen definiert werden, die dann von *setup()* und/oder *loop()* aus aufgerufen werden können.

Hier definiert die Funktion *flash()* das alternierende Ein-/Ausschalten des als Ausgang deklarierten I/O Pins 13 (PB5).

Im Screenshot nicht mehr sichtbar sind Bestandteile der Funktionen *setup()* und *loop()*.

Über die serielle Schnittstelle wird der String "Hello World" ausgegeben. Anschließend erfolgt der Aufruf der Funktion *flash()*, die die an Pin13 angeschlossene LED ein- und ausschaltet. Damit der Ablauf sichtbar bleibt, sorgt die Funktion *delay(500)* für eine Pause von 500 ms bis zur nächsten Aktion.

Durch ein mit COM7 verbundenes Terminalprogramm kann der ausgegebene String zur Anzeige gebracht werden. Das Terminalprogramm muss dabei auf die passende Baudrate, hier 19200 Baud, eingestellt werden.

Über die Schaltflächen an der Oberkante des Fensters oder die Menüleiste kann der weitere Prozess der Programmbearbeitung gesteuert werden.

Unterhalb des Textfensters wird der aktuelle Programmzustand angezeigt. Das Feld ganz unten ist für Ausgaben des Compilers sowie des Linkers bzw. Downloaders vorgesehen.

Hier wird die Größe des erzeugten Codes mit 1986 von insgesamt 30720 Bytes Programmspeicher ausgegeben. Die verbleibenden 2 KByte des beim ATmega328 verfügbaren Programmspeichers von 32 KByte werden für den Bootloader beansprucht.

3.3 Arduino Programmiersprache

Arduino Programme setzen sich aus drei Komponenten zusammen: *structure*, *values* (Variable und Konstanten) und *functions*. Die Arduino Sprache gründet sich auf C/C++.

Die drei Programmkomponenten sollen hier nur beispielhaft erläutert werden. Tabelle 3 zeigt einige Beispiele für die drei Programmkomponenten. Eine ausführliche Zusammenfassung und Hilfe ist mit der Language Reference auf der Arduino Homepage http://arduino.cc/en/Reference/HomePage gegeben.

Structures	Values	Functions
void setup()	true | false	digitalWrite(pin, value)
void loop()	HIGH | LOW	int analogRead(pin)
switch case	unsigned long	unsigned long pulseIn(pin, value)
if...else	boolean	long random(min, max)
do...while	float	map(value, fromLow, fromHigh, toLow, toHigh)

Tabelle 3 Komponenten der Arduino Programmiersprache

4. Arduino Applikationen

Dieses Kapitel wird Anwendungsbeispiele unter Verwendung der vorgestellten Shields vorstellen.

In den Quelltexten ist die verwendete Version der Arduino Software angegeben. Bei der Verwendung, Anpassung bzw. Weiterentwicklung der hier vorgestellten Programmbeispiele muss der betreffenden Arduino Version Rechnung getragen werden.

Die versionsbezogenen Änderungen sind auf der Arduino Website und auszugsweise in Abschnitt Arduino Software Release Notes beschrieben und können so auch nachvollzogen werden.

4.1 Template

Um eine weitgehend einheitliche Gestaltung des Quelltextes zu unterstützen, werden wir bei den Programmbeispielen von folgendem Template ausgehen.

```
//
// Title     : Dateibeschreibung
// Author    : Author
// Date      : yyyy-mm-dd
// Id        : programmname.pde
// Version   : 00xx
// based on  : optional
//
// DISCLAIMER:
// The author is in no way responsible for any problems or
// damage caused by using this code. Use at your own risk.
//
// LICENSE:
// This code is distributed under the GNU Public License
// which can be found at http://www.gnu.org/licenses/gpl.txt
//

const int LED = 13;          // LED an Pin13

void setup()
{

}

void loop()
{

}
```

Listing 1   Template.pde

Im Kopf des Templates ist unter Version die Arduino Version angegeben, mit der das betreffende Programmbeispiel compiliert wurde. Bei Verwendung einer neueren Arduino Version sind gegebenenfalls Änderungen am Quelltext vorzunehmen.

Bei den gelisteten Quelltexten wird es aus drucktechnischen Gründen vor allem bei Kommentarzeilen zu Zeilenumbrüchen kommen. In den meisten Fällen wird man diese Stellen leicht ausmachen können. Es empfiehlt sich aber ohnehin, die Quelltexte nicht abzutippen sondern von der URL https://sourceforge.net/projects/arduinosources/ herunter zu laden.

4.2 "Hello World"

Das Arduino ProtoShield Kit dient dem unkomplizierten Aufbau von Versuchsschaltungen und kann u.a. vom Elektronikladen (http://elmicro.com/de/sparkfun.html) bezogen werden.

Abbildung 13 zeigt ein mit einem Steckbrett (Breadboard Mini) versehenes ProtoShield aufgesteckt auf ein Arduino Duemilanove.

Abbildung 13   ProtoShield auf Arduino Duemilanove aufgesteckt

Alle Pins des Arduino Duemilanove werden in den Prototyping Bereich geführt und können da kontaktiert werden. Zusätzlich sind zwei LED und ein Taster auf dem Board vorhanden. Der Reset-Taster ist ebenfalls auf dem Board zugänglich.

Abbildung 14 zeigt das ProtoShield Schema. Dargestellt ist aber nur die Beschaltung der Stifte JC1 bis JC3. Die Stiftleisten auf dem ProtoShield sind ausnahmslos bezeichnet.

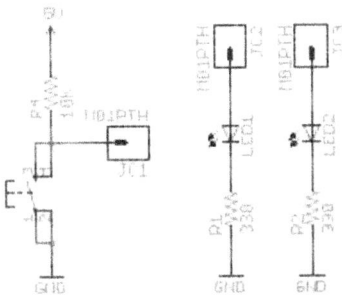

Abbildung 14 ProtoShield Schema

Den in das eben beschriebene Template eingetragenen Quelltext des Programmbeispiels HelloWorld1.pde zeigt Listing 2.

```
//
// Title    : HelloWorld
// Author   : Claus Kuehnel
// Date     : 2010-03-01
// Id       : HelloWorld1.pde
// Version  : 0018
// based on :
//
// DISCLAIMER:
// The author is in no way responsible for any problems or damage caused by
// using this code. Use at your own risk.
//
// LICENSE:
// This code is distributed under the GNU Public License
// which can be found at http://www.gnu.org/licenses/gpl.txt
//
// -----------------------------------------------------------------
//

const int LED = 13;              // LED an Pin13

void flash()                     // Toggle LED
{
  static boolean output = HIGH;

  digitalWrite(LED,output);
  output = !output;
}

void setup()
{
  Serial.begin(19200);
```

```
  pinMode(LED, OUTPUT);
}

void loop()
{
  Serial.print("Hello World");
  flash();
  delay(500);
}
```
Listing 2 Quelltext HelloWorld1.pde

Die Verwendung des Templates wurde mit dem Programmbeispiel Hello-World1.pde gezeigt.

4.3 ShiftBrite RGB LEDs

ShiftBrite ist ein lichtstarkes LED Modul mit roter, grüner und blauer LED. Über eine synchrones serielles Interface empfängt das ShiftBrite Modul 10-Bit Helligkeitswerte für jeder der drei Farben.

Eine ausführliche Beschreibung kann von der Website des Herstellers Macetech (http://docs.macetech.com/doku.php/shiftbrite) heruntergeladen werden. Abbildung 15 zeigt den Aufbau eines ShiftBrite RGB LED Moduls.

Abbildung 15   ShiftBrite RGB LED

Im ShiftBrite Modul kommt der "3-Channel Constant Current LED Driver with Programmable PWM Control" A6281 von Allegro zum Einsatz.

Das Datenblatt des A6281 kann von der Allegro Website über die URL http://www.allegromicro.com/en/Products/Part_Numbers/6281/6281.pdf heruntergeladen werden.

Zur Programmierung ist dem ShiftBrite Modul ein 32-Bit Datenwort seriell zu übergeben. Bit30 unterscheidet zwischen Datenmode (=0) und Configurationsmode (=1).

0	1	2	3	4	5	6	7	8	9	10	11	12	13	14	15	16	17	18	19	20	21	22	23	24	25	26	27	28	29	30*	31
PWM Counter 0										PWM Counter 1										PWM Counter 2								28	29	Address '0'	x
Dot Correction Register 0							Clock Mode		x	Dot Correction Register 1								x	x	x	Dot Correction Register 2							x	ATB	ATB	Address '1'	x

Mehrere ShiftBrite Module lassen sich einfach kaskadieren. In Abbildung 16 sind drei ShiftBrite Module kaskadiert. Es müssen also 3 x 32-Bit Daten übergeben werden, bevor der Latchimpuls die Daten in die Ausgaberegister schreibt.

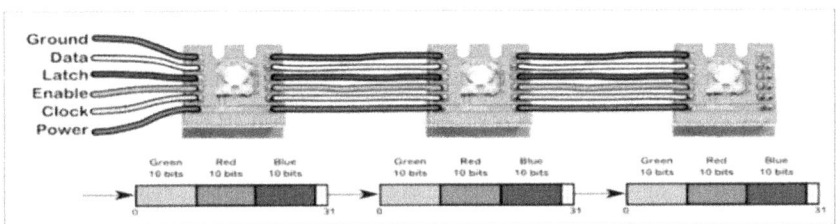

Abbildung 16   Kaskadierung von drei ShiftBrite Modulen

Listing 3 zeigt ein Programmbeispiel zur Ansteuerung von drei kaskadierten ShiftBrite Modulen. Die Datenpakete werden hier bitweise zusammengestellt und mit SB_SendPaket() über SPI ausgegeben.

```
const int datapin   = 10;      // DI
const int latchpin  = 11;      // LI
const int enablepin = 12;      // EI
const int clockpin  = 13;      // CI

unsigned long SB_CommandPacket;
int SB_CommandMode;
int SB_BlueCommand;
int SB_RedCommand;
int SB_GreenCommand;

void setup() {
   pinMode(datapin, OUTPUT);
   pinMode(latchpin, OUTPUT);
   pinMode(enablepin, OUTPUT);
   pinMode(clockpin, OUTPUT);
   digitalWrite(latchpin, LOW);
   digitalWrite(enablepin, LOW);
}

void SB_SendPacket() {
   SB_CommandPacket = SB_CommandMode & B11;
```

```
    SB_CommandPacket = (SB_CommandPacket << 10) | (SB_BlueCommand
& 1023);
    SB_CommandPacket = (SB_CommandPacket << 10) | (SB_RedCommand &
1023);
    SB_CommandPacket = (SB_CommandPacket << 10) | (SB_GreenCommand
& 1023);
    shiftOut(datapin, clockpin, MSBFIRST, SB_CommandPacket >> 24);
    shiftOut(datapin, clockpin, MSBFIRST, SB_CommandPacket >> 16);
    shiftOut(datapin, clockpin, MSBFIRST, SB_CommandPacket >> 8);
    shiftOut(datapin, clockpin, MSBFIRST, SB_CommandPacket);
    delay(1); // adjustment may be necessary depending on chain
length
    digitalWrite(latchpin,HIGH); // latch data into registers
    delay(1); // adjustment may be necessary depending on chain
length
    digitalWrite(latchpin,LOW);
}

void loop() {
    SB_CommandMode = B01;      // Write to current control registers
    SB_RedCommand = 127;       // Full current
    SB_GreenCommand = 127;     // Full current
    SB_BlueCommand = 127;      // Full current
    SB_SendPacket();

    SB_CommandMode = B00;      // Write to PWM control registers
    SB_RedCommand = 1023;      // Maximum red
    SB_GreenCommand = 0;       // Minimum green
    SB_BlueCommand = 0;        // Minimum blue
    SB_SendPacket();
    delay(250);

    SB_CommandMode = B00;      // Write to PWM control registers
    SB_RedCommand = 0;         // Minimum red
    SB_GreenCommand = 1023;    // Maximum green
    SB_BlueCommand = 0;        // Minimum blue
    SB_SendPacket();
    delay(250);

    SB_CommandMode = B00;      // Write to PWM control registers
    SB_RedCommand = 0;         // Minimum red
    SB_GreenCommand = 0;       // Minimum green
    SB_BlueCommand = 1023;     // Maximum blue
    SB_SendPacket();
    delay(250);
}
```

Listing 3 Quelltext ShiftBrite.pde

Eine wesentliche Vereinfachung ergibt sich durch die Verwendung einer Library, die unter http://www.arduino.cc/playground/Main/ShiftBriteLib zu finden ist. Download und Handhabung der ShiftBrite Library sind an dieser Stelle beschrieben, weshalb hier darauf verzichtet werden soll.

4.4 Adafruit Motor Shield

Mit dem Adafruit Servo/Stepper/DC Motor Shield lassen sich einfache Motorsteuerungen für Servos, Schritt- und DC-Motoren aufbauen.

Die vollständige Dokumentation ist beim Entwickler unter der URL http://www.ladyada.net/make/mshield/ zu finden, während der Bezug direkt über den Webshop des Herstellers Adafruit Industries vorzunehmen ist. Die URL des betreffen den Eintrags ist http://www.adafruit.com/index.php?main_page=index&cPath=17_21. Der Bezug der Baugruppe über diesen Weg gestaltete sich absolut problemlos.

Abbildung 17 zeigt ein Adafruit Servo/Stepper/DC Motor Shield mit angeschlossenen Motoren.

Abbildung 17
Adafruit Servo/Stepper/DC Motor Shield mit angeschlossenen Motoren

Über die gezeigten Anschlussmöglichkeiten hinaus bietet dieses Shield folgende Ausstattung:

- Anschluss von zwei 5V „Hobby" Servos
- Vier H-Brücken auf Basis des Bausteins L293D mit 0,6 A Dauerstrom (1,2 A Spitzenstrom für Motorspannungen zwischen 4,5 und 36 V DC

- Ansteuerung von bis zu vier bi-direktionalen DC-Motoren mit 8-Bit Geschwindigkeitsauflösung

- Ansteuerung von bis zu zwei Schrittmotoren (unipolar, bipolar) mit einer oder zwei Wicklungen

4.4.1 Installation der Firmware

Die Firmware zur Ansteuerung von DC- und Schrittmotoren ist in der Library AFMotor zusammengefasst und kann als ZIP-File von der Seite des Entwicklers http://www.ladyada.net/media/mshield/AFMotor-08_12_2009.zip heruntergeladen werden.

Nach dem Download ist der AFMotor Ordner in den Ordner Arduino/libraries auszupacken und abzuspeichern. Damit die Arduino IDE diese Library auch kennt, ist diese über *Sketch > Library Import > AFMotor* zu importieren.

Gleichermaßen ist für Servos mit der Library ServoTimer1 zu verfahren. Diese Library findet man unter http://www.ladyada.net/media/mshield/ServoTimer1-fixedv13.zip. Das Abspeichern und Importieren der Library ServoTimer1 erfolgt (bis auf den Namen) auf identische Weise.

4.4.2 Ansteuerung von Servos

Durch den Einsatz der Library gestaltet sich die Ansteuerung eines Servos recht einfach. Listing 4 zeigt den Quelltext des Programmbeispiels ServoTest.pde. Ein Servo soll eine Vorwärtsbewegung um 180° vornehmen und anschließend den gleichen Weg zurückdrehen.

Nachdem die Library eingefügt wurde kann eine Instanz servo1 erzeugt werden. Im Setup ist der Servo noch mit einem Pin zur Ansteuerung zu verbinden. Verwendet werden können die PWM-Ausgänge von Timer1 Pin9 (OC1A) und Pin10 (OC1B).

Mit *servo1.write(grad)* braucht man nun nur noch eine Zahl zwischen 0 und 180 eingeben und man kann den Servo auf den gewünschten Winkel positionieren.

```
#include <ServoTimer1.h>

// DC hobby servo
ServoTimer1 servo1;

void setup()
{
  Serial.begin(19200);      // Baudrate 19200 bps
  Serial.println("Servo Test...");
  servo1.attach(9);         // Verbinde Servo mit Servo_1 Anschluss
}
```

```
// Test
void loop()
{
  int i;

  Serial.println("Forward...");
  for (i=0; i<180; i++)
  {
    servo1.write(i);         // Bewegung von 0° nach 180° (vorwärts)
    delay(5);
  }
  delay(1000);

  Serial.println("Backward...");
  for (i=180; i!=0; i--)
  {
    servo1.write(i);         // Bewegung von 180° nach 0° (rückwärts)
    delay(5);
  }
  delay(1000);
}
```
Listing 4   Quelltext ServoTest.pde

4.5   Temperaturmessung mit LM75

LM75 von National Semiconductors ist eine Familie von Temperatursensoren/Temperaturwatchdogs auf Basis einer BandGap-Referenz, Sigma-Delta-ADC und I²C-Interface [1]. Wir wollen hier den LM75 für die Temperaturmessung einsetzen.

Der LM75 ermöglicht Temperaturmessungen mit einer Auflösung von 9 Bit und einer Genauigkeit von +/- 2 °C im Temperaturbereich von -25 °C bis 100 °C.

Der LM75 wird in einem 8-Pin SOP angeboten (Abbildung 18). Die Handhabung dieser Gehäusebauform bedarf aber einer ruhigen Hand beim Löten der Anschlüsse.

Abbildung 18   LM75 im 8-PIN SOP

Kann man mit diesen Voraussetzungen nicht dienen, dann bietet sich beispielsweise die Verwendung des *myTWI Add-On Temperatursensors* an (Abbildung 19). Der myTWI Temperatursensor ist als Add-On ein Teil der TWI-Serie für die myAVR Boards [2]. In der Mitte der Leiterplatte ist der auf einen Adapterprint aufgelötete LM75 zu sehen. Ein Bezug dieses Adapterprint ist beim Lieferanten des myTWI Temperatursensors ebenso möglich.

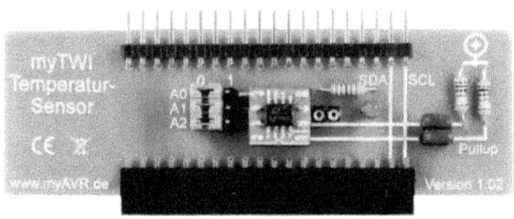

Abbildung 19   myAVR TWI Add-On Temperatursensor

Die Gesamtschaltung des myTWI Temperatursensors ist in Abbildung 20 dargestellt. In Abbildung 19 und Abbildung 20 sind Stiftleisten zu sehen, über die einige Konfigurationen vorgenommen werden können. Die beiden TWI-Leitungen (I^2C-Leitungen) SDA und SCL müssen mit einem Pull-Up-Widerstand versehen sein. Wenn das nicht an anderer Stelle im System vorgenommen wird, dann sind JP1 und JP2 zu überbrücken. Der LM75 hat drei Adresspins A2-A0, die es erlauben, acht LM75 am gleichen I^2C-Bus zu betreiben.

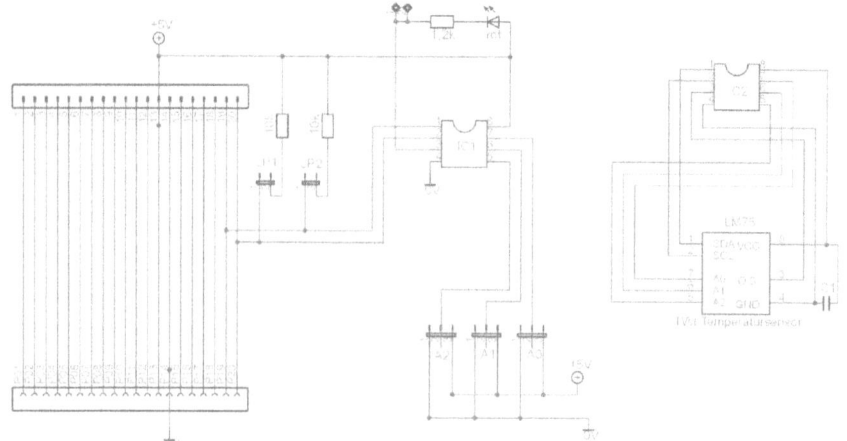

Abbildung 20   Schema des myTWI Temperatursensors

In Übereinstimmung mit den I²C-Spezifikationen hat auch der LM75 eine 7-Bit Slaveadresse. Die oberen 4 Bit sind intern festgelegt, während die unteren drei Bits durch die Belegung der Adresspins A2-A0 bestimmt werden. Somit ergibt sich je nach Belegung der Bits A2-A0 ein Adressbereich von 0x48 bis 0x4F.

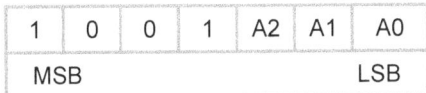

Nachdem die Adressierung des LM75 geklärt ist, bleiben noch die Betrachtung der internen Registerstruktur des LM75 und der für die Temperaturmessung erforderliche Registerzugriff.

Wie Abbildung 21 zeigt, besitzt der LM75 intern in vier Register, auf die über ein Pointer Register zugegriffen wird. Nach einem Reset ist automatische das Temperature Register adressiert. Die anderen Register benötigen wir an dieser Stelle nicht.

P7	P6	P5	P4	P3	P2	P1	P0
0	0	0	0	0	\multicolumn{3}{c}{Register Select}

P2	P1	P0	Register
0	0	0	Temperature (Read only) (Power-up default)
0	0	1	Configuration (Read/Write)
0	1	0	T_{HYST} (Read/Write)
0	1	1	T_{OS} (Read/Write)
1	1	1	Product ID Register (LM75A Only)

Abbildung 21   LM75 Pointer Register

Für das Lesen von LM75 Registern gibt es nun zwei Möglichkeiten. Zeigt das Pointer Register bereits auf das auszulesende Register, dann ist der LM75 nur noch zu adressieren und das betreffende Register auszulesen. Im anderen Fall muss vorher durch eine Schreiboperation das Pointer Register gesetzt werden und der komplette Lesevorgang muss folgen.

Wie bereits erwähnt, zeigt nach einem Reset das Pointer Register bereits auf das von uns bevorzugte Temperature Register und es sind nur noch die zwei Byte Ergebnis der Temperaturmessung abzuholen. Das Format des Temperature Registers zeigt Abbildung 22. Die Repräsentation der Daten zeigt Tabelle 4.

D15	D14	D13	D12	D11	D10	D9	D8	D7	D6	D5	D4	D3	D2	D1	D0
MSB	Bit 7	Bit 6	Bit 5	Bit 4	Bit 3	Bit 2	Bit 1	LSB	X	X	X	X	X	X	X

Abbildung 22   LM75 Temperature Register

Temperatur	Resultat
125 °C	0x0FA
25 °C	0x032
0.5 °C	0x001
0 °C	0x000
-0.5 °C	0x1FF
-25 °C	0x1CE
-55 °C	0x192

Tabelle 4   Datenformat Temperatur

Nun ist es an der Zeit dem Arduino das Auslesen des LM75 beizubringen und das Resultat der Temperaturmessung anzuzeigen. Der myTWI Temperatursensor wurde in das Steckbrett des Arduino ProtoShields eingesteckt, während das Arduino ProtoShield in der vorgesehenen Weise mit dem Arduino Duemilanove verbunden wurde (Abbildung 23). Die Verbindungen zwischen dem myTWI Temperatursensor und Arduino sind durch beide Systeme vorgegeben und im Quelltext des Programmbeispiels beschrieben.

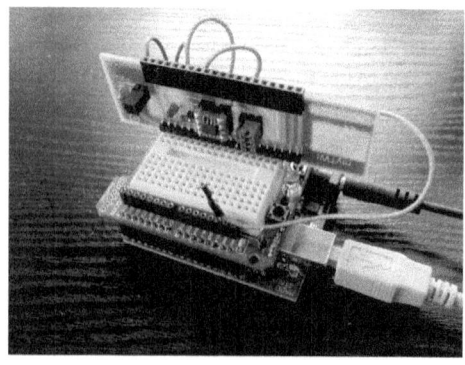

Abbildung 23   myTWI Temperatursensor auf dem
Arduino ProtoShield/Duemilanove Sandwich

Listing 5 zeigt den Quelltext für das Programmbeispiel myTWI_Temperatursensor.pde in der kompletten Form (incl. Programheader).

```
//
// Title       : Temperaturmessung mit myTWI Temperatursensor & Arduino
// Author      : Claus Kühnel
// Date        : 2010-03-04
// Id          : myTWI_Temperatursensor.pde
// Version     : 0018
// Micro       : Arduino 2009 w/ ATmega328
//
// DISCLAIMER:
// The author is in no way responsible for any problems or damage caused by
// using this code. Use at your own risk.
//
// LICENSE:
// This code is distributed under the GNU Public License
// which can be found at http://www.gnu.org/licenses/gpl.txt
//
// -----------------------------------------------------------------
// Verbindungen myTWI - Arduino
//              SCL   SDA   GND   +5V
// myTWI        20    19    14    13
// Arduino      A5    A4    GND   5
//
#include <Wire.h>

#define DEBUG 0                 // für Debugausgaben auf 1 setzen
#define LM75 (0x90 >> 1)        // LM75 7-Bit Adresse

const byte LED = 13;

byte Temp;
unsigned int Temperature;
int Ti;
float Ts, Ta = 23.0;
boolean Overtemp;


unsigned int I2c_read_temperature(byte addr)
{
  byte Thi, Tlo;
  unsigned int T;

  Wire.requestFrom((int) addr,2);
  while (Wire.available())
  {
    Thi = Wire.receive();
    Tlo = Wire.receive();
  }
  T = (Thi<<8)+Tlo;
  return T;
}
```

```
void setup()
{
  pinMode(LED, OUTPUT);
  Serial.begin(19200);
  Wire.begin();
  Serial.println("Temperaturmessung mit LM75");
}

void loop()
{
   digitalWrite(LED, 1);
   Temperature = I2c_read_temperature(LM75);
   digitalWrite(LED, 0);
   if (DEBUG)
   {
      Serial.print("Temperaturwert = 0x");
      Serial.println(Temperature, HEX);
   }
   Temperature = Temperature >> 7;
   if (DEBUG)
   {
      Serial.print("Temperaturwert in 0.5 grd Stufen = 0x");
      Serial.println(Temperature, HEX);
   }
   Ti = Temperature;
   if (Ti > 0xFF) Ti = Ti | 0xFF00;
   Ts = (float) Ti / 2.0;
   Serial.print("Temperatur = ");
   Serial.print(Ts);
   Serial.println(" grd C");
   delay(1000);
}
```

Listing 5   Quelltext myTWI_Temperatursensor.pde

Das Programm beginnt mit einem Include der Wire Library, die der Kommunikation mit I²C-Devices dient [3].

Mit dem Define *DEBUG* wird die Ausgabe gesteuert. Während des Debuggings ist eine umfangreichere Datenausgabe wünschenswert, während man sich später mit dem eigentlichen Ergebnis der Temperaturmessung zufrieden geben wird. Durch späteres Ausschalten können da außerdem ein paar Bytes Code gespart werden.

Debug Mode	Codegröße
DEBUG 1	6190 Bytes
DEBUG 0	6010 Bytes

Mit einem weiteren Define wird die Slaveadresse für den LM75 festgelegt.

In I²C-Anwendungen sind sowohl 7-Bit als auch 8-Bit Slaveadressen gebräuchlich. Die 8-Bit Adresse unterscheidet sich von der 7-Bit Adresse nur durch das Read/Write-Bit auf der Position des LSB. Für den LM75 beträgt die 7-Bit Adresse 0x48 und die 8-Bit Adresse demzufolge 0x90. Um Irrtümern vorzubeugen, wurde das betreffende Define durch das Argument (0x90 >> 1) deutlich gemacht.

Nach der Definition einiger Konstanten und Variablen folgt die Deklaration der Funktion *I2c_read_temperature()*, die mit Hilfe einiger Funktionen der Wire Library den bereits beschriebenen Lesezugriff auf den LM75 umsetzt. Verwendet werden die folgenden Funktionen:

Wire.begin

Wire.requestFrom(address, quantity)

Wire.available()

byte Wire.receive()

Durch Aufruf von *Wire.begin()* (später in *setup()*) wird der Arduino als I²C-Bus-Master initialisiert. Die Adressierung des LM75 sowie das Lesen von zwei Byte wird durch den Aufruf von *Wire.requestFrom(LM75, 2)* eingeleitet. Die Funktion *Wire.available()* gibt die Anzahl von Bytes zurück, die mit einem anschließenden *Wire.receive()* auch wirklich gelesen werden können. Mit zwei Lesezugriffen auf das Temperature Register hat man schließlich das 9-Bit Resultat der Temperaturmessung ausgelesen. Nach dem Zusammensetzen von Hi-Byte und Lo-Byte zu einem 16-Bit Ergebnis steht das Ergebnis dieses Funktionsaufrufs zur Verfügung.

In der Funktion *setup()* werden die erforderlichen Initialisierungen vorgenommen. Zur Verwendung der an Pin13 des Arduino fest angeschlossenen LED ist Pin13 als Ausgang zu konfigurieren. Die Baudrate der seriellen Schnittstelle wird auf 19200 Baud eingestellt und der I²C-Bus wird in der schon erwähnten Weise initialisiert. Als letzte Aktion erfolgt die Ausgabe der Meldung " Temperaturmessung mit LM75 " über die serielle Schnittstelle.

In der Funktion *loop()*, die beim Arduino die Hauptschleife des Programms (*void main()*) darstellt, sind nun die einzelnen Programmaktivitäten zu finden.

Das Einschalten der LED signalisiert den Zugriff auf den LM75, der durch Aufruf der Funktion *I2c_read_temperature()* die gemessene Temperatur zurückgibt. Danach wird die LED wieder ausgeschaltet. Die LED wird also nur durch ein kurzes Aufblitzen wahrgenommen.

Im Debug Mode wird das Ergebnis der Temperaturmessung als 16-Bit Wert linksbündig ausgegeben. Abbildung 24 zeigt alle Ausgaben im Debug Mode.

Im folgenden Programmschritt wird das Zahlenformat rechtsbündig (Rechtsschieben um sieben Positionen) eingestellt und repräsentiert damit bereits den Wert in 0.5 °C Schrittweite. Nach einer einfachen Gleitkomma-Division durch 2. steht der Temperaturmesswert in °C fest. Dieser Zyklus wiederholt sich nach einer Wartezeit von einer Sekunde.

Abbildung 24 zeigt die Debug-Ausgaben des Programms, die die Berechnung des Temperaturmesswertes nachvollziehen lassen und Abbildung 25 zeigt schließlich die reduzierte Ergebnisanzeige. Die Temperaturänderungen wurden durch Besprühen des LM75 mit Kältespray provoziert.

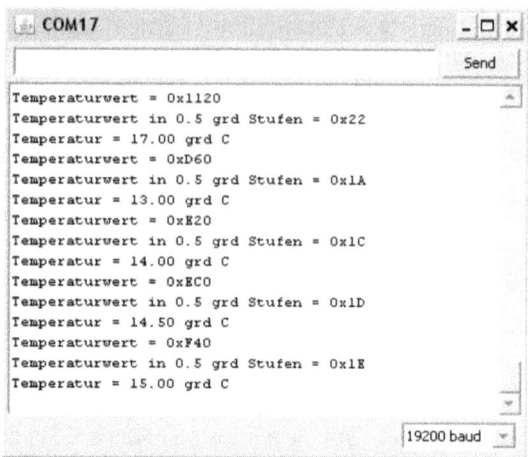

Abbildung 24   Debug-Ausgaben

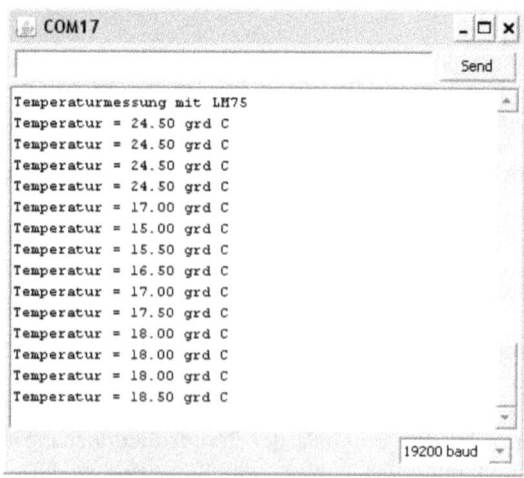

Abbildung 25   Ergebnisanzeige

4.6 Interne analoge IO beim ATmega328

Die für den Arduino eingesetzten AVR Mikrocontroller (ATmega8, ATmega168, ATmega328, Atmega1280) beinhalten einen sechskanaligen 10-Bit AD-Converter mit massebezogenen Eingängen. Als analoge Ausgabe kann die ebenfalls interne PWM mit nachgeschaltetem Filter eingesetzt werden.

4.6.1 Interner ADC und PWM als DAC

Auf dem Arduino Duemilanove stehen nach Außen hin sechs analoge Eingänge ADC5 bis ADC0 zur Verfügung. Ein Ausschnitt aus dem Blockschaltbild zeigt die gesamte Ausstattung des AD-Umsetzers (Abbildung 26 [4]).

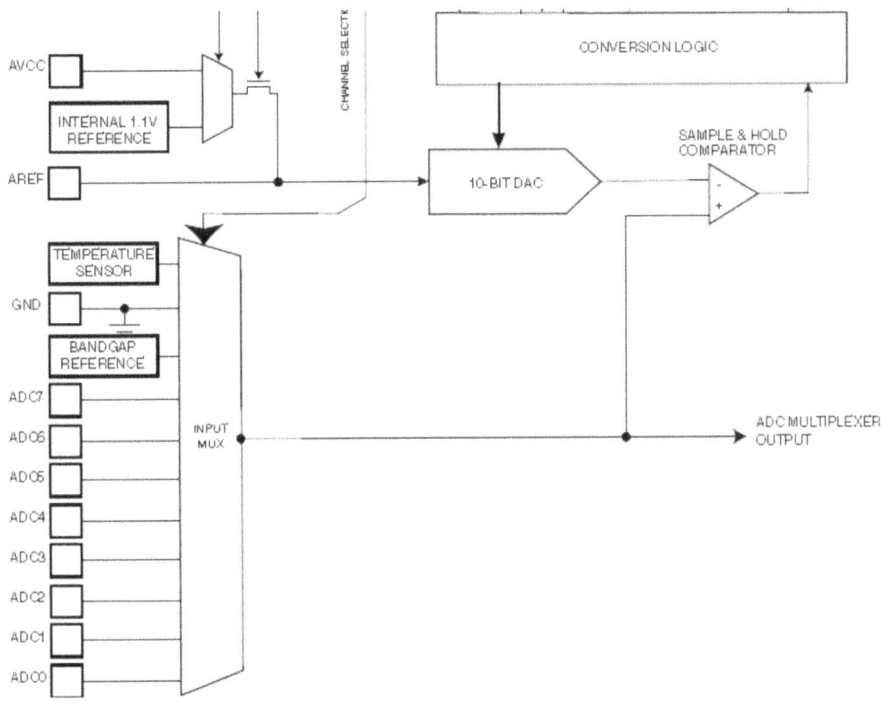

Abbildung 26 Blockschaltbild des ATmega328 ADU (Ausschnitt)

Werden weniger analoge Eingänge benötigt, dann können die nicht benötigten Analogeingänge auch als GPIO (General Purpose I/O) oder I^2C-Bus-Leitungen verwendet werden. Die folgende Tabelle zeigt die Mehrfachbelegungen der Arduino Anschlüsse in diesem Bereich. Bei der Verwendung als digitale IO korrespondieren Analog In 0 – 5 mit I/O 14 – 19.

Analog In	0	1	2	3	4	5
I/O	14	15	16	17	18	19
AVR	PC0	PC1	PC2	PC3	PC4	PC5
	ADC0	ADC1	ADC2	ADC3	ADC4	ADC5
					SDA	SCL

Die analogen Eingänge sind wie alle anderen Pins auch mit zuschaltbaren Pull-Up-Widerständen versehen. Ein eingeschalteter Pull-Up-Widerstand beeinflusst aber die AD-Umsetzung, weshalb dieser beim Betrieb als analoger Eingang disabled sein muss. Ebenso sind Fehler zu erwarten, wenn der Anschluss vorher als digitaler Ausgang konfiguriert worden war.

Im folgenden Programmbeispiel adda.pde soll durch PWM eine Ausgangsspannung bereitgestellt werden, die durch ein nachgeschaltetes RC-Glied zu einer Gleichspannung geglättet wird. Diese Gleichspannung wird wiederum dem AD-Umsetzer zugeführt und das Ergebnis der AD-Umsetzung sollte dann den Wert des DA-Umsetzers repräsentieren. Abbildung 27 zeigt die betreffende Beschaltung von PWM-Ausgang und analogem Eingang.

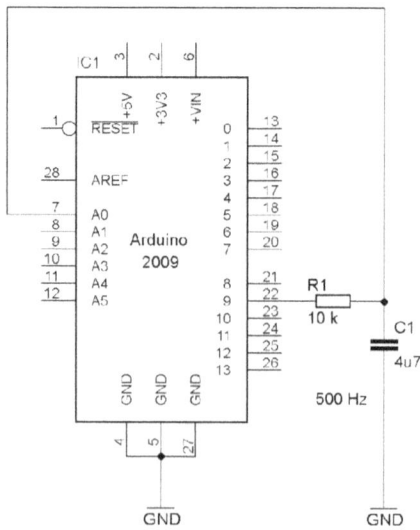

Abbildung 27   AD-DA-Umsetzung mit internen Ressourcen des Arduino

Die PWM Frequenz beträgt beim Arduino ca. 500 Hz. Das RC-Glied (Tiefpass) sollte in der Praxis nach der folgenden Formel dimensioniert werden:

$$\tau = R \cdot C = \frac{(10..1000)}{f_{PWM}}$$

Wählt man die Zeitkonstante τ zu hoch, dann steigt die Einschwingzeit. Wählt man sie hingegen zu gering, dann ist die Filterwirkung zu gering.

Die gemäß Abbildung 27 gewählte Zeitkonstante von 47 ms liegt eher am unteren Ende, weshalb keine optimale Filterwirkung zu erwarten ist. Zum Nachweis des Prinzips der AD-Umsetzung soll das hier aber genügen.

Im Programmbeispiel adda.pde (Listing 6) wird in einer Endlosschleife mit *analogWrite(AOUT, i)* ein PWM Wert an I/O 9 gesetzt und dieser gefiltert über den Analogeingang AIN0 dem internen AD-Umsetzer zugeführt und nach eine Wartezeit von 1 sec (*delay(1000)*) über *analogRead(AIN0)* vom AD-Umsetzer ausgelesen.

Die restlichen Instruktionen dienen nur der seriellen Ausgabe bzw. der Konfiguration.

Eine Besonderheit gilt es noch zu beachten. Für die PWM wird der 8-Bit Timer1 verwendet, weshalb hier nur Werte zwischen 0 und 255 gesetzt werden können. Der interne AD-Umsetzer weist aber eine Auflösung von 10-Bit auf, weshalb dessen Ergebnisse zwischen 0 und 1024 liegen. Bei der Berechnung der Abweichung ist der Faktor 4 deshalb berücksichtigt (ADC- 4DAC).

```
const int AOUT = 9;        // IO9 ist PWM Ausgang
const int AIN0 = 0;        // AIN0 ist Analogeingang

void setup()
{
  pinMode(AOUT, OUTPUT);   // PWM als Ausgang konfigurieren
  Serial.begin(19200);
  Serial.println("DAC\tADC\tADC-4DAC");
}

void loop()
{
  int i, val;

  for (i=0; i<256; i+=8)
  {
    analogWrite(AOUT, i);  // PWM wird mit einem Wert zwischen 0 und 255 gesetzt
    delay(1000);
    Serial.print(i);       // DAC Wert ausgeben
    Serial.print("\t");
    val = analogRead(AIN0); // Resultat der AD-Umsetzung von Kanal AIN0 lesen
    Serial.print(val);     // ADC Wert ausgeben
    Serial.print("\t");
    Serial.println(val - 4*i); // Abweichung berechnen und ausgeben
```

}
}

Listing 6 Quelltext adda.pde

Nach dem Start des Programms adda.pde kann die Ergebnisausgabe im Monitor betrachtet werden. Abbildung 28 zeigt die serielle Ausgabe der einzelnen Durchläufe. In der dritten Spalte ist die berechnete Abweichung ADC-4DAC dargestellt, die wegen der wenig idealen RC-Filterung hier keine typischen Werte für den internen AD-Umsetzer zeigen kann.

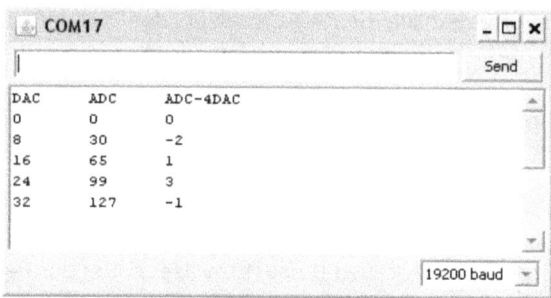

Abbildung 28 Ausgaben der AD-DA-Umsetzung

4.6.2 Interner ADC im Free Running Mode

Der interne AD-Umsetzer des Arduino kann nicht nur im Single-Conversion Mode sondern auch im Free Running Mode betrieben werden. Für Initialisierung des Free Running Modes und das Auslesen der Resultate der AD-Umsetzung muss man sich aber des direkten Registerzugriffs bedienen.

Für den Betrieb des AD-Umsetzers sind die mehrere Register zuständig. An dieser Stelle kann nur die vorgenommene Initialisierung betrachtet werden. Um alle Optionen zu untersuchen, muss man sich des umfangreichen Datenblatts des ATmega328 bedienen [4].

	7	6	5	4	3	2	1	0
ADCSRA	ADEN	ADSC	ADATE	ADIF	ADIE	ADPS2	ADPS1	ADPS0

Im Register ADCSRA wird der AD-Umsetzer enabled (ADEN), eine (die erste) AD-Umsetzung gestartet (ADSC) und der für den Free Running Mode notwendige Autotrigger enabled (ADATE). Mit den Bits ADPS2-ADPS0 wird der Prescaler für den ADC-Clock eingestellt.

Um eine maximale Auflösung des AD-Umsetzers zu erreichen, sollte die interne Schaltung mit einem ADC-Clock zwischen 50 und 200 kHz betrieben werden. Werden die Prescalerbits alle gesetzt, dann wird aus dem 16 MHz Systemclock durch einen Teiler von 128 ein ADC-Clock von 125 kHz eingestellt.

Aus dem Timing Diagram (Abbildung 29) kann man sehen, dass nach 13 Taktzyklen die AD-Umsetzung abgeschlossen ist und bei diesem Prescaler somit eine Umsetzzeit von ca. 100 µs erreicht wird.

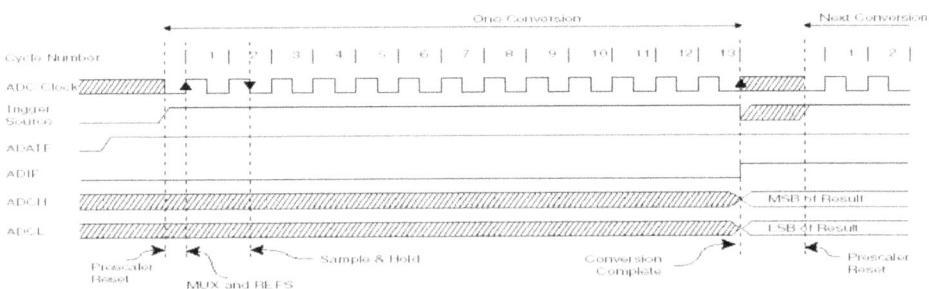

Abbildung 29 Timing Diagram Free Running Mode

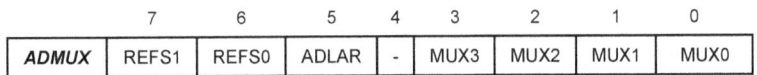

Über das Register ADMUX kann die analoge Referenzspannung (REFS1, REFS0) selektiert werden. Wir arbeiten hier mit AVcc = 5 V als Referenzspannung. Das Datenformat kann linksbündig oder rechtsbündig eingestellt werden (ADLAR) und der Analog-Multiplexer wird über die Bits MUX3-MUX0 eingestellt.

Wie schon aus Abbildung 26 zu ersehen war, sind die analogen Eingänge nicht auf die herausgeführten Eingänge ADC5-ADC0 beschränkt. Für die Inbetriebnahme noch interessant, sind die interne Bandgap-Referenz, der interne Ground und der Temperatursensor. Diese werden im Programmbeispiel auch als bekannte Eingangsspannungen abgefragt.

Das Setup der beiden Register kann am Einfachsten aus dem Quelltext des Programmbeispiels free_running_adc.pde entnommen werden.

```
// ADMUX mit AVCC als VREF
#define ADC0 0x40
#define ADC1 0x41
#define ADC2 0x42
#define ADC3 0x43
```

```c
#define ADC4 0x44
#define ADC5 0x45
#define TEMPERATURE 0x48
#define BANDGAP 0x4E
#define GND 0x4F

// ADCSRA
#define FREE_RUNNING_MODE ((1<<ADEN) | (1<<ADSC) | (1<<ADATE) | (1<<ADPS2) | (1<<ADPS1) | (1<<ADPS0))

#define PURPOSE "Test of Free Running ADC"

const byte LED = 13;

word adc_value;

void setADC(byte config)
{
  ADCSRA &= ~(1<<ADEN);                 // ADC disbaled
  ADMUX = config;                       // MUX selektiert
  ADCSRA = FREE_RUNNING_MODE;           // ADC starten
}

word getADC(void)
{
  return (ADCL | (ADCH << 8));
}

void printResult(void)
{
  digitalWrite(LED, 1);                 // LED ein
  delay(10);
  adc_value = getADC();
  digitalWrite(LED, 0);                 // LED aus
  Serial.print(adc_value, HEX);         // ADC Wert ausgeben
  Serial.print("\t");
  Serial.print((float) adc_value*5./1024);   // Spannungswert berechnen und ausgeben
  Serial.println(" V\n");
}

void setup()
{
  pinMode(LED, OUTPUT);
  Serial.begin(19200);
  Serial.println(PURPOSE);
}

void loop()
{
  Serial.println("Bandgap-Referenz");
  setADC(BANDGAP);
  printResult();
  delay(1000);
  Serial.println("GND");
  setADC(GND);
  printResult();
  delay(1000);
```

```
    Serial.println("Temperatur");
    setADC(TEMPERATURE);
    printResult();
    delay(1000);
}
```

Listing 7   Quelltext free_running_adc.pde

In einer Reihe von Defines werden die unterschiedlichen Initialisierungen der ADC-Register festgehalten.

Die Funktion *setADC()* dient der Konfiguration des Analog-Multiplexers. Bevor der Multiplexer gesetzt oder verändert wird, erfolgt ein Disable des AD-Umsetzers. Nach der Konfiguration wird dann der ADC wieder enabled und die erste AD-Umsetzung gestartet. Nach diesem Start läuft der ADC dann im Free Running Mode, d.h. nach einer AD-Umsetzung wird das Ergebnis der Umsetzung in die Register ADCH und ADCL geschrieben und eine neue Umsetzung gestartet. Die beiden Register können dann, wie in der Funktion *getADC()* vorgenommen, in der Reihenfolge ADCL gefolgt von ADCH gelesen werden.

In der Hauptschleife *loop()* werden nacheinander die Eingänge Bandgap Reference, Ground (GND) und Temperatur Sensor abgefragt und ausgegeben. Die Ausgabe des Ergebnisses der AD-Umsetzung erfolgt in der Funktion *printResult()*. Abbildung 30 zeigt die Ausgaben des Programmbeispiels.

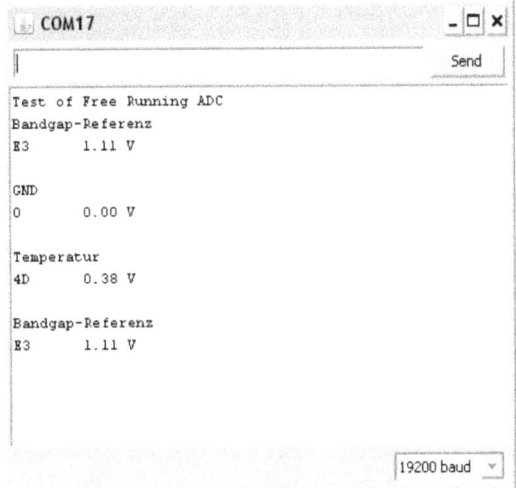

Abbildung 30   Ausgaben des Programms free_running_adc.pde

4.6.3 Externer ADC/DAC mit PCF8591

Reicht eine Auflösung von 8 Bit für die betreffende messtechnische Fragestellung, dann kann der Einsatz eines Bausteins PCF8591 mit I²C-Bus-Interface eine Alternative darstellen. Durch die wenigen I/Os beim Arduino und deren Mehrfachbelegung kann eine solche Alternative mitunter sehr erwünscht sein [5].

Abbildung 31 zeigt das Blockschema des PCF8591. Es stehen vier analoge Eingänge und zusätzlich ein analoger Ausgang auf dem Baustein zu Verfügung.

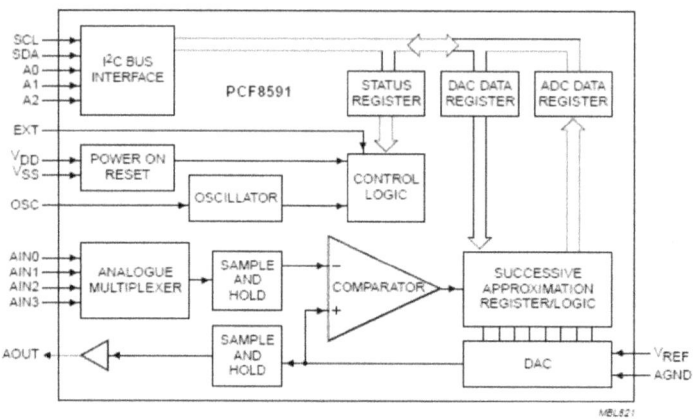

Abbildung 31   Blockschema PCF8591

Zur Vereinfachung der experimentellen Arbeiten ist hier der Einsatz einer I²C-Analogkarte der Fa. Horter&Kalb von Vorteil [6].

Abbildung 32 zeigt den einfachen Aufbau der Baugruppe. Die Konfiguration des Spannungsbereichs der vier Eingangsspannungen erfolgt über JP3. Über Spannungsteiler können Spannungen von 0 - 10V eingelesen werden. Durch JP0 bis JP2 wird die Slaveadresse des I²C-Bausteins festgelegt. Als Referenzspannungsquelle wird ein LM336-2,5 verwendet.

Zur Signalanhebung und Impedanzwandlung wird die Ausgangsspannung des PCF 8591 mit einem Operationsverstärker LM324 angehoben. Zur Leitungskompensation sind die Rückführungen zum Operationsverstärker auf separate Klemmen herausgeführt. Im Schema (Abbildung 33) können diese Einstellungsmöglichkeiten und die Beschaltung des Ausgangsverstärkers nachvollzogen werden.

Abbildung 32
I²C-Analogkarte (Fa. Horter&Kalb)

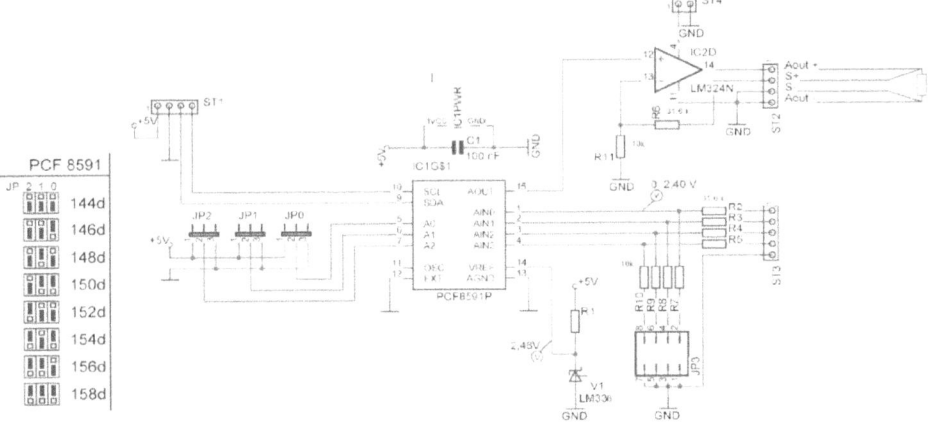

Abbildung 33 Schema der I²C-Analogkarte (Fa. Horter&Kalb)

Das Interface zum Arduino wird durch die beiden I²C-Leitungen SCL und SDA gebildet. Über die Jumper JP2-JP0 (A2–A0 am PCF8591) erfolgt die Adressierung des Bausteins am I²C-Bus, wodurch acht PCF8591 am selben I²C-Bus betrieben werden können.

Für unseren Inbetriebnahmetest wird der Analogeingang AIN0 mit dem Analogausgang Aout+ verbunden, um die Kennlinie des AD-DA-Systems zu erfassen. Außerdem ist Aout+ mit S+ am Stecker ST2 direkt zu brücken.

Der Operationsverstärker muss an einer separaten Versorgungsspannung von 12 V DC betrieben werden, um bei der gegebenen Dimensionierung den Ausgangsspannungsbereich von 0 – 10 V sicher zu stellen. Die 5V-Spannungsversorgung kann vom Arduino aus erfolgen.

Die I²C-Bus-Basisadresse für den PCF8591 ist 0x90 und damit identisch zu der des LM75. Um hier möglichen Adresskonflikten (bei gleichzeitigem Betrieb von LM75 und PCF8591 am gleichen Arduino) aus dem Weg zu gehen, verbinden wir hier die Eingänge A2-A0 über die Jumper JP2-JP0 mit 5 V. Dadurch erhalten wir die Adresse 0x9E für unser Programmbeispiel PCF8591.pde

Die DA- bzw. AD-Umsetzung mit einem PCF8591 setzt die in Abbildung 34 dargestellte Kommunikation zwischen dem Arduino (I²C-Bus-Master) und dem PCF8591 voraus.

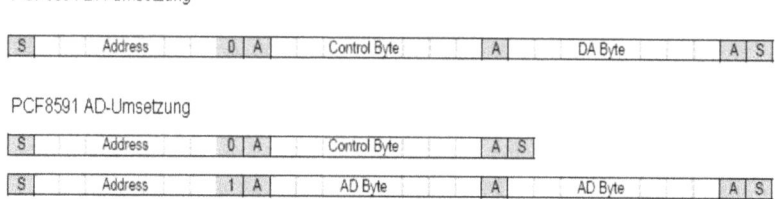

Abbildung 34   I²C-Bus-Kommunikation mit PCF8591

Sowohl DA- als auch AD-Umsetzung beginnen jeweils mit der Adressierung des PCF8591.

Bei der DA-Umsetzung wird als erstes Datenbyte das Controlbyte gesendet, welches den PCF8591 konfiguriert. Im Falle einer DA-Umsetzung ist hier nur das Analog Output Enable Flag zu setzen, wodurch das Controlbyte den Wert 0x40 annimmt. Der restliche Inhalt des Controlbytes ist für die DA-Umsetzung unerheblich, konfiguriert aber das Verhalten des AD-Umsetzers für eine (irgendwann) folgende AD-Umsetzung (Abbildung 35).

Bei der AD-Umsetzung wird wiederum zuerst das Controlbyte gesendet, welches hier die Zuordnung der Eingänge u.a. festlegt, bevor das Ergebnis der AD-Umsetzung gelesen werden kann. Das erste Ergebnisbyte ist dabei das Ergebnis der vorangegangenen AD-Umsetzung und das zweite Ergebnisbyte ist das Ergebnis der gerade ausgelösten AD-Umsetzung.

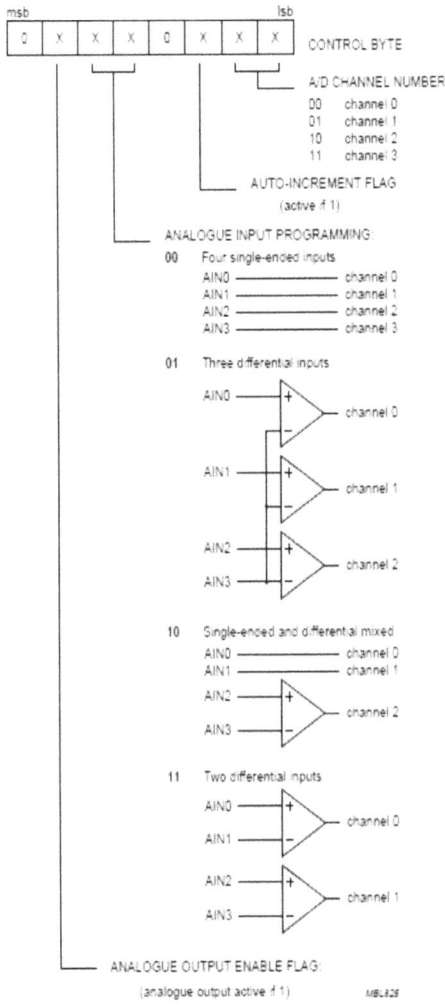

Abbildung 35 PCF8591 Control Byte

In unserem in Listing 8 dargestellten Programmbeispiel wollen wir den Ausgangswert des DA-Umsetzers mit Kanal 0 des AD-Umsetzers (als Single-Ended geschaltet) abfragen. Das Controlbyte behält in diesem Fall den Wert 0x40, da alle den AD-Umsetzer betreffenden Bits gleich Null sind. Einige Controlbytes sind als Defines zu Beginn des Programms notiert. Aus Abbildung 35 lassen sich alle weiteren ableiten.

Die Funktionen *putDAC()* und *getADC()* widerspiegeln die in Abbildung 34 gezeigten Sequenzen und weisen keine Besonderheiten auf.

In der Endlosschleife des Programmbeispiels wird ein Wert vom DA-Umsetzer ausgegeben und über den AD-Umsetzer zurückgelesen. Bei jedem Schleifendurchlauf wird der auszugebende Wert um Eins erhöht. Die beide Zahlenwerte (DAC, ADC) und deren Differenz werden bei jedem Schleifendurchlauf seriell ausgegeben und können am Monitor verfolgt werden. Idealerweise wären beide Werte identisch. Gemäss Datenblatt des PCF8591 ist aber mit einer Abweichung bei jedem Umsetzer von bis zu +/- 1.5 LSB zu rechnen. Abbildung 36 zeigt die Ausgaben des Programms PCF8591.pde.

```
//-----------------------------------------------------------
// Verbindungen I2C-Analog - Arduino
//              SCL       SDA       GND       +5V
// I2C-Analog   ST1-SCL   ST1-SDA   ST1-GND   ST1-5V
// Arduino      A5        A4        GND       5
//
#include <Wire.h>

#define PCF8591 (0x9E >> 1)              // Deviceadresse = 7 Bit
#define PCF8591_DAC_ENABLE 0x40
#define PCF8591_ADC_CH0 0x40
#define PCF8591_ADC_CH1 0x41
#define PCF8591_ADC_CH2 0x42
#define PCF8591_ADC_CH3 0x43

#define PURPOSE "Test of PCF8591"

const byte LED = 13;

byte adc_value, dac_value=0;

void putDAC(byte dac_value)
{
  Wire.beginTransmission(PCF8591);
  Wire.send(PCF8591_DAC_ENABLE);
  Wire.send(dac_value);
  Wire.endTransmission();
}

byte getADC(byte config)
{
  Wire.beginTransmission(PCF8591);
  Wire.send(config);
  Wire.endTransmission();

  Wire.requestFrom((int) PCF8591,2);
  while (Wire.available())
  {
    adc_value = Wire.receive();
    adc_value = Wire.receive();
  }
  return adc_value;
}
```

```
void setup()
{
  pinMode(LED, OUTPUT);
  Serial.begin(19200);
  Wire.begin();
  Serial.println(PURPOSE);
  Serial.println("DAC\tADC\tADC-DAC");
}

void loop()
{
  putDAC(dac_value);                        // DAC Wert setzen
  digitalWrite(LED, 1);                     // LED ein
  delay(10);
  adc_value = getADC(PCF8591_ADC_CH0);      // ADC Wert von Kanal0 auslesen
  digitalWrite(LED, 0);                     // LED aus
  Serial.print(dac_value, HEX);             // DAC Wert ausgeben
  Serial.print("\t");
  Serial.print(adc_value, HEX);             // ADC Wert ausgeben
  Serial.print("\t");
  Serial.println(dac_value - adc_value);    // Abweichung berechnen und ausgeben
  dac_value++;
  delay(200);
}
```

Listing 8 Quelltext PCF8591.pde

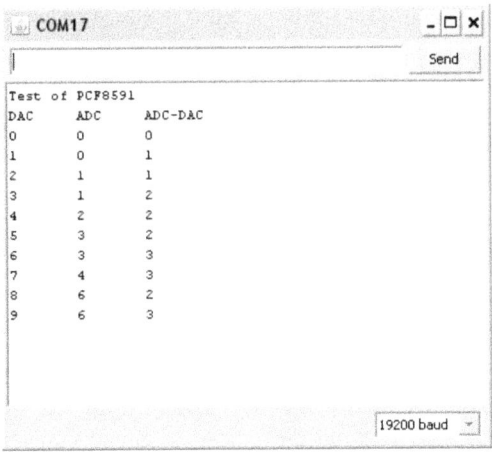

Abbildung 36 Ausgaben des Programms PCF8591.pde

Um die Eigenschaften des PCF8591-AD-DA-Systems zu verdeutlichen, wurde ein kompletter Durchlauf im Terminalprogramm mitgeschnitten und einer Auswertung unterzogen.

Abbildung 37 zeigt die Abweichungen des Wertes des AD-Umsetzers von den Vorgaben des DA-Umsetzers bei der I^{2}C-Analogkarte. Es ist deutlich erkennbar, dass die meisten Werte 2 oder 3 LSB abweichen. Nur bei den Anfangswerten kleiner 3 LSB war auch die Abweichung kleiner, was auf eine Offsetspannung der diesbezüglich nicht abgeglichenen I^{2}C-Analogkarte zurückzuführen ist.

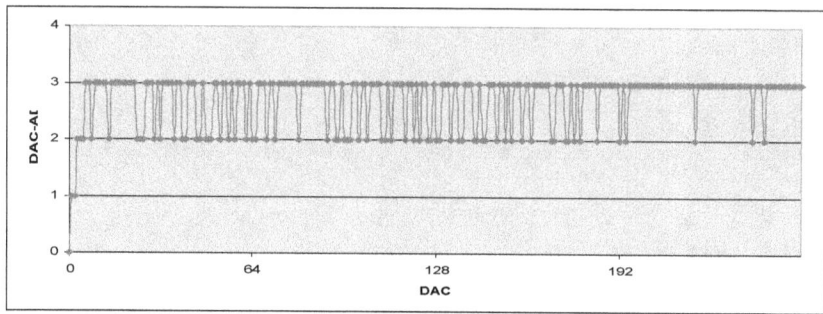

Abbildung 37   Abweichungen DAC-ADC bei der I^{2}C-Analogkarte

4.7 Debugging Display

Will man die serielle Schnittstelle des Arduino nicht für Debugging-Ausgaben blockieren, dann bietet sich ein zusätzliches serielles LCD für diese Aufgabe an.

LCDs mit seriellem Interface gibt es für den I^{2}C-Bus oder für den direkten Anschluss an einen UART mit TTL-Pegeln. LCDs, die eine komplette RS-232-Schnittstelle mit den entsprechenden Pegeln bereitstellen, sind hier weniger gefragt.

Ein I^{2}C-taugliches LCD wird man vorteilhaft da einsetzen, wo es bereits weitere I^{2}C-Bausteine gibt.

Wir wollen hier ein LCD mit seriellem TTL-Interface ansehen. Zur Übertragung der Anzeigeinformationen wird nur die Transmit-Leitung (Tx), also ein nahezu beliebiger Pin des Arduino, verwendet.

LCDs mit seriellem TTL-Interface gibt es von den verschiedensten Herstellern. Wir verwenden hier das *Serial Enabled 16x2 LCD - White on Black 5V* (LCD-09395) von SparkFun [7]. Abbildung 38 zeigt das LCD mit den Anschlüssen für

VCC, GND und Tx. Das LCD gibt es von Sparkfun mit unterschiedlichen Farben, die hier aber ohne Bedeutung sind.

Abbildung 38   Serielles LCD von SparkFun

Der auf dem Board befindliche Mikrocontroller verarbeitet den seriellen TTL-Input und sendet die Zeichen an das LCD. Die installierte Firmware stellt eine Reihe von Kommandos zur Verfügung, mit denen z.B. der LCD-Anzeigeninhalt gelöscht, der Cursor positioniert, die Hintergrundbeleuchtung angepasst, das LCD ein- bzw. ausgeschaltet werden können u.a.m. Das LCD ist kompatibel zum weit verbreiteten HD44780.

Die Kommunikation zwischen dem Arduino und dem seriellen LCD erfolgt mit 5V TTL und einer Baudrate von 9600 (default). Die Baudrate kann zwischen 2400 und 38400 Baud eingestellt werden.

Im nachfolgend beschriebenen Programmbeispiel DebugLCD.pde (Listing 9) wird die Library NewSoftSerial verwendet, die einen interrupt-gesteuerten, seriellen Empfang ermöglicht und damit eine dramatische Verbesserung gegenüber der ursprünglichen, im Polling-Mode arbeitenden Library SoftwareSerial bietet. Die Library NewSoftSerial kann von der Website http://arduiniana.org/libraries/NewSoftSerial/ heruntergeladen werden.

Das HD44780-kompatible LCD wird durch zahlreiche Kommandos gesteuert, die im Detail im Datenblatt von Hitachi [8] erläutert werden. Für unsere Zwecke hier reichen die Angaben in den beiden folgenden Tabellen. Tabelle 5 zeigt einen Auszug aus dem Kommandoset des HD44780 LCDs.

HD44780 Commands	
Clear Display	0x01
Move cursor right one	0x14
Move cursor left one	0x10
Scroll right	0x1C
Scroll left	0x18
Turn visual display on	0x0C
Turn visual display off	0x08
Underline cursor on	0x0E
Underline cursor off	0x0C
Blinking box cursor on	0x0D
Blinking box cursor off	0x0C
Set cursor position	0x80 +

Tabelle 5   LCD Kommandos

Damit Daten und Kommandos vom LCD-Controller unterschieden werden können, ist einem Kommando stets das Kommandobyte 0xFE voranzustellen. Zum Löschen des Displayinhalts ist dann beispielsweise die Bytefolge {0xFE} {0x01} zu senden.

Will man bei einem LCD mit 2 Zeilen zu je 16 Zeichen den Cursor an den Beginn der zweiten Zeile positionieren, dann ist die Bytefolge {0xFE} {0xC0} zu senden. Gemäß Tabelle 5 und Tabelle 6 berechnet sich diese Position aus 0x80 + 0x40 (= 64$_D$) zu 0xC0. Im Quelltext des Programmbeispiels DebugLCD.pde (Listing 9) finden wir diese LCD Kommandos wieder.

16 Character Displays	
Line Number	Viewable Cursor Positions
1	0-15
2	64-79
3	16-31
4	80-95

Tabelle 6   Cursorpositionen im darstellbaren Bereich

```
//
// Title    : Debugging LCD with serial interface
// Author   : Claus Kühnel
// Date     : 2010-05-15
// Id       : DebugLCD.pde
```

```
// Version      : 0018
// Micro        : Arduino Duemilanove w/ ATmega328
//
// DISCLAIMER:
// The author is in no way responsible for any problems or damage caused by
// using this code. Use at your own risk.
//
// LICENSE:
// This code is distributed under the GNU Public License
// which can be found at http://www.gnu.org/licenses/gpl.txt
//
//----------------------------------------------------------------
// see http://arduiniana.org/libraries/NewSoftSerial/
#include <NewSoftSerial.h>

#define DEBUG 1

unsigned int count = 65530;

const int LED = 13;           // LED an Pin13

void flash()                  // Toggle LED
{
  static boolean output = HIGH;

  digitalWrite(LED,output);
  output = !output;
}

NewSoftSerial mySerial(2, 3);  // mySerial(RX, TX, Pol)

void setup()
{
  Serial.begin(57600);
  Serial.println("Application running...");

  // set the data rate for the NewSoftSerial port
  mySerial.begin(9600);

  mySerial.print(0xFE, BYTE);  // Clear Screen
  mySerial.print(0x01, BYTE);
  delay(5);

  if (DEBUG)
  {
    int ver = NewSoftSerial::library_version();

    mySerial.print("DebugLCD");

    mySerial.print(0xFE, BYTE);  // New Line
    mySerial.print(0xC0, BYTE);
    mySerial.print("NSS V");     // print version of NewSoftSerial library
    mySerial.print(ver);
    delay(1500);
    mySerial.print(0xFE, BYTE);  // Clear Screen
    mySerial.print(0x01, BYTE);
```

```
      delay(5);
   }
   else
   {
      mySerial.print("No Debug Info");
   }
}

void loop()                          // run over and over again
{
   flash();
   if (DEBUG)
   {
      mySerial.print(0xFE, BYTE);    // New Line
      mySerial.print(0x81, BYTE);
      mySerial.print("Count = ");
      if (count < 10000) mySerial.print(" ");
      if (count < 1000) mySerial.print(" ");
      if (count < 100) mySerial.print(" ");
      if (count < 10) mySerial.print(" ");
      mySerial.print(count++);
   }
   delay(250);
}
```
Listing 9   Quelltext DebugLCD.pde

Die Debugging-Ausgaben werden durch *#define DEBUG 1* gesteuert. Setzt man DEBUG auf 0, dann werden die Debugging-Ausgaben unterdrückt.

Die Funktion *flash()* steht für eine beliebige Funktion, die in der Hauptschleife *loop()* mindestens aufgerufen wird.

Eine serielle Schnittstelle kann durch *NewSoftSerial mySerial(RX, TX, Pol)* definiert werden. Mit RX und TX werden die Pins für Receive (Empfangen) und Transmit (Senden) festgelegt. Der Parameter Pol ermöglicht sowohl invertierenden als auch nicht invertierenden Betrieb.

In der Funktion *setup()* wird die standardmäßige serielle Schnittstelle hier mit 57600 Baud initialisiert, während die zum Debugging-Display mit 9600 Baud eingestellt wird.

Nach dem Löschen des Displayinhalts erfolgt bei aktiviertem Debugging die Ausgabe gemäß Abbildung 39.

Abbildung 39   Debugging-Ausgabe während Setup

In der Hauptschleife wird die Funktion *flash()* aufgerufen, die die LED in jedem Zyklus umschaltet und somit zum Blinken bringt. Im Debug Mode wird schließlich eine Countervariable angezeigt und incrementiert (hochgezählt). Diese Ausgabe hat natürlich an sich wenig Sinn, soll aber stellvertretend für eine Debugging-Ausgabe in der Hauptschleife stehen.

4.8 RTC und SD Card Erweiterung

Beim Aufbau von Messsystemen (z.B. Dataloggern) spielen Uhrzeit und externer Speicher eine große Rolle. Das Data Logging Shield von Adafruit [9] vereint beide Funktionen auf einem Shield und bietet des Weiteren noch einen kleinen Prototypenbereich, der für diverse Sensoren genutzt werden kann. Abbildung 40 zeigt ein Adafruit Data Logging Shield auf einen Arduino Duemilanove aufgesteckt.

Abbildung 40   Adafruit Data Logging Shield

Im Adafruit Data Logging Shield wird der Baustein DS1307 als RTC eingesetzt. Der Baustein DS1307 ist ein I²C-Device und verwendet die Pins AnalogIn 4 (SDA) und AnalogIn 5 (SCL) für die Kommunikation. Die Anwendung des DS1307 wird durch eine RTC Library unterstützt und kann von der Website http://github.com/adafruit/RTClib heruntergeladen werden.

Des Weiteren stellt das Adafruit Data Logging Shield einen Slot für eine SD Card als externes Speichermedium zur Verfügung.

Eine geringe Kapazität an nichtflüchtigem Speicher steht bereits durch das interne EEPROM des ATmega328 zur Verfügung. Allerdings ist es auf 1 KByte beschränkt und nicht mit der Kapazität von heutigen SD Cards zu vergleichen.

SdFat ist eine Library für den ATmega328, welche FAT16 und FAT32 Filesystems auf Standard- und High Capacity SD Cards unterstützt. Die SdFat Library kann von der Website http://code.google.com/p/sdfatlib/ heruntergeladen werden.

SdFat weist die folgenden Merkmale auf:

- Unterstützung von kurzen (8.3) Dateinamen
- Erzeugen, Löschen, Lesen, Schreiben und Anhängen von Dateien
- Zugriff auf Subdirectories, Erzeugen und Löschen von Subdirectories
- Beinhaltet zahlreiche Anwendungsbeispiele
- Eine kleinere FAT16 Library ist verfügbar unter http://code.google.com/p/fat16lib/

Beim Kauf von SD-Cards (Abbildung 41) sind diese im Allgemeinen mit einem FAT16 oder FAT32 Filesystem vorformatiert.

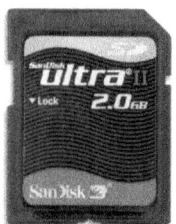

Abbildung 41   SD Card

Kleinere SD Cards mit 8–32 MByte können mit einem FAT12 Filesystem vorformatiert sein. FAT12 wird durch die SdFat Library nicht unterstützt und diese SD Cards müssen dann neu formatiert werden.

Zur Formatierung von SD Cards gibt es ein spezielles Tool für den PC, welches von der Website http://www.sdcard.org/consumers/formatter/ heruntergeladen werden kann.

Das in Listing 10 gezeigte Programmbeispiel DataLogger.pde ist aus den Beispielen der Library abgeleitet und kann als Template für eine Datenlogger-Anwendung dienen.

```
//
// Title     : Datalogger
// Author    : Claus Kühnel
// Date      : 2010-06-19
// Id        : DataLogger.pde
// Version   : 0018
// Micro     : Arduino Duemilanove w/ ATmega328
```

```
//
// DISCLAIMER:
// The author is in no way responsible for any problems or damage caused by
// using this code. Use at your own risk.
//
// LICENSE:
// This code is distributed under the GNU Public License
// which can be found at http://www.gnu.org/licenses/gpl.txt
//
//-----------------------------------------------------------------
//
#include <SdFat.h>
#include <Wire.h>
#include "RTClib.h"

#define LOG_INTERVAL  1000     // mills between entries
#define ECHO_TO_SERIAL   1     // echo data to serial port
#define WAIT_TO_START    0     // Wait for serial input in setup()
#define SYNC_INTERVAL 5000     // mills between calls to sync()

uint32_t syncTime = 0;         // time of last sync()
float fData;                   // data value for logging

// program version
#define VERSION "1.1"

// the digital pins that connect to the LEDs
#define redLEDpin 3
#define greenLEDpin 4

RTC_DS1307 RTC; // define the Real Time Clock object

// The objects to talk to the SD card
Sd2Card card;
SdVolume volume;
SdFile root;
SdFile file;

void error(char *str)
{
  Serial.print("error: ");
  Serial.println(str);
  Serial.println("Program stopped.");
  while(1);
}

float get_data(void)
{
  float _fdata;

  // replace the next line (get random data) by your get data function
  _fdata = (float) random(10000)/10;
  return _fdata;
}

void setup(void)
```

```
{
  // Queries an unconnected analog input to get a random init
  randomSeed(analogRead(0));

  Serial.begin(9600);
  Serial.println();
  Serial.print("Data Logger V");
  Serial.println(VERSION);

#if WAIT_TO_START
  Serial.println("Type any character to start");
  while (!Serial.available());
#endif //WAIT_TO_START

  // initialize the SD card
  if (!card.init()) error("card.init");

  // initialize a FAT volume
  if (!volume.init(card)) error("volume.init");

  // open root directory
  if (!root.openRoot(volume)) error("openRoot");

  // create a new file
  char name[] = "LOGGER00.CSV";
  for (uint8_t i = 0; i < 100; i++) {
    name[6] = i/10 + '0';
    name[7] = i%10 + '0';
    if (file.open(root, name, O_CREAT | O_EXCL | O_WRITE)) break;
  }
  if (!file.isOpen()) error ("file.create");
  Serial.print("Logging to: ");
  Serial.println(name);

  // write header
  file.writeError = 0;

  Wire.begin();
  if (!RTC.begin()) {
     file.println("RTC failed");
#if ECHO_TO_SERIAL
     Serial.println("RTC failed");
#endif  //ECHO_TO_SERIAL
  }

  file.println("date, time, data");
#if ECHO_TO_SERIAL
  Serial.println("date, time, data");
#endif //ECHO_TO_SERIAL

  // attempt to write out the header to the file
  if (file.writeError || !file.sync()) {
    error("write header");
  }

  pinMode(redLEDpin, OUTPUT);
  pinMode(greenLEDpin, OUTPUT);
}
```

```
void loop(void)
{
  // clear print error
  file.writeError = 0;

  // delay for the amount of time we want between readings
  delay((LOG_INTERVAL -1) - (millis() % LOG_INTERVAL));

  digitalWrite(redLEDpin, HIGH);

  // log milliseconds since starting
  uint32_t m = millis();

  // fetch the time
  DateTime now = RTC.now();
  // log time
  file.print(now.year(), DEC);
  file.print("-");
  file.print(now.month(), DEC);
  file.print("-");
  file.print(now.day(), DEC);
   file.print(", ");
  file.print(now.hour(), DEC);
  file.print(":");
  file.print(now.minute(), DEC);
  file.print(":");
  file.print(now.second(), DEC);
#if ECHO_TO_SERIAL
  Serial.print(now.year(), DEC);
  Serial.print("-");
  Serial.print(now.month(), DEC);
  Serial.print("-");
  Serial.print(now.day(), DEC);
  Serial.print(" ");
  Serial.print(now.hour(), DEC);
  Serial.print(":");
  Serial.print(now.minute(), DEC);
  Serial.print(":");
  Serial.print(now.second(), DEC);
#endif //ECHO_TO_SERIAL

  fData = get_data();
  file.print(", ");
  file.println(fData, 1);
#if ECHO_TO_SERIAL
  Serial.print(" ");
  Serial.println(fData, 1);
#endif //ECHO_TO_SERIAL

  if (file.writeError) error("write data");
  digitalWrite(redLEDpin, LOW);

  //don't sync too often - requires 2048 bytes of I/O to SD card
  if ((millis() - syncTime) <  SYNC_INTERVAL) return;
  syncTime = millis();
```

```
    // blink LED to show we are syncing data to the card & updating
FAT!
    digitalWrite(greenLEDpin, HIGH);
    if (!file.sync()) error("sync");
    digitalWrite(greenLEDpin, LOW);
}
```

Listing 10   Quelltext DataLogger.pde

Mit den folgenden *#defines* wird das Programm konfiguriert:

- LOG_INTERVAL   bezeichnet den Aufruf der Loggingfunktion in ms
- ECHO_TO_SERIAL 1   sendet Daten zum seriellen Port, wenn 1
- WAIT_TO_START   0   wartet nicht auf einen Input beim Aufruf von setup(), wenn 0
- SYNC_INTERVAL   Synchronisationsintervall mit der SD Card in ms

Beim laufenden Programm zeigen die rote LED den Zugriff auf die RTC und die Funktion *get_data()* und die grüne LED die Synchronisation mit der SD Card an.

Zu Programmbeginn werden die erforderlichen Objekte definiert. Für die RTC ist das das Objekt *RTC* und für die SD Card sind es die Objekte *card*, *volume*, *root* und *file*.

Die Funktion *error(char *str)* wird im Fehlerfall aufgerufen. Der übergebene String kennzeichnet den Fehler und das Programm geht in eine Endlosschleife ohne Funktion.

Die Funktion *get_data()* steht stellvertretend für eine beliebige Funktion zur Abfrage von Sensoren oder anderen zu loggenden Daten. Hier wird eine Pseudo-Zufallszahl erzeugt und als Gleitkommazahl zurückgegeben. Damit die die Pseudo-Zufallszahlenfolge mit einem zufälligen Startwert initialisiert wird, erfolgt im *setup()* die Initialisierung nach Abfrage eines unbeschalteten Analogeingangs in der Form *randomSeed(analogRead(0))*.

Beim der Verwendung von Pseudo-Zufallszahlen kann es zur anfänglichen Fehlersuche hilfreich sein, diese zufällige Initialisierung auszukommentieren. Dann erhält man nach Programmstart bei mehrmaligem Aufruf der Funktion *random()* stets die gleiche Zahlenfolge.

Die Initialisierung des Filesystems der SD Card ist eine weitere Funktion im Setup, welche durch Aufruf der Libraryfunktionen *card.init()*, *volume.init(card)* und *root.openRoot(volume)* erfolgt.

Die Loggingdaten werden in CSV-Files auf der SD Card geschrieben, deren Namen nach dem folgenden Muster gebildet werden:

LOGGER00.CSV
LOGGER01.CSV
...
LOGGER99.CSV

Vom Programm wird der jeweils höchste Index gesucht und dieser für das neue File um Eins erhöht. Der höchste Index ist hier 99, dann wird ein Fehler signalisiert. Hat man hinreichend große Speicherkapazität, dann kann dieser Bereich auch durchaus erweitert werden.

Die letzten Aktionen im Setup sind der Aufbau der Kommunikation zur RTC, das Schreiben der Überschrift ins Logfile und die Initialisierung der LED-Ausgänge.

In der Endlosschleife *loop()* erfolgt die Berechnung der Zeit zwischen zwei Datenerfassungen durch die Funktion *delay((LOG_INTERVAL -1) - (millis() % LOG_INTERVAL))*. Die Funktion *millis()* gibt die seit Programmstart vergangene Zeit in ms zurück.

Es schließt sich die Abfrage von Datum und Uhrzeit von der RTC an, die den Abtastzeitpunkt charakterisierend auch anschließend in das Logfile geschrieben werden. Die Funktion *get_data()* liefert schließlich den zugehörigen Datenwert, der ebenfalls ins Logfile geschrieben wird.

Ist das Synchronisationsintervall erreicht, dann erfolgt das Schreiben der Daten auf die SD Card durch Aufruf der Funktion *file.sync()*. Die gespeicherten Daten sind im nachfolgend dargestellten Format auf der SD Card abgelegt und können mit jedem Texteditor gelesen oder in eine Tabellenkalkulation übernommen werden.

```
date, time, data
2010-6-19, 13:1:7, 304.6
2010-6-19, 13:1:8, 541.9
2010-6-19, 13:1:9, 819.9
2010-6-19, 13:1:10, 179.3
2010-6-19, 13:1:11, 249.3
```

Die RTC-Baustein DS1307 ist auf dem Adafruit Data Logging Shield batteriegepuffert. Einmal eingestellt, sollte die Uhrzeit auch nach einer Unterbrechung der Stromversorgung im Rahmen der gegebenen Genauigkeit verfügbar sein. Dennoch ist die Uhr mindestens einmal zu stellen.

Will man ein aufwendiges Programm zum Einstellen der RTC vermeiden, dann kann man auch einen einfachen Trick der Arduino IDE ausnutzen.

In den Variablen __DATE__ und __TIME__ werden Datum und Zeitpunkt der Compilation des betreffenden Programms festgehalten. Listing 11 zeigt wie diese Informationen zum Setzen von Datum und Uhrzeit der RTC verwendet werden können. Bis auf #define VT100 1 zeigt das Programmbeispiel nichts Neues.

```
//
// Title    : Setzen von Datum und Uhrzeit bei RTC DS1307
// Author   : Claus Kühnel
// Date     : 2010-05-29
// Id       : DS1307_Setup.pde
// Version  : 0018
// Micro    : Arduino Duemilanove w/ ATmega328
//
// DISCLAIMER:
// The author is in no way responsible for any problems or damage caused by
// using this code. Use at your own risk.
//
// LICENSE:
// This code is distributed under the GNU Public License
// which can be found at http://www.gnu.org/licenses/gpl.txt
//
// ----------------------------------------------------------------
//
#include <Wire.h>
#include "RTClib.h"

#define VT100 1     // set to 1 for VT100 terminal

RTC_DS1307 RTC;

void setup () {
    Serial.begin(9600);
    Wire.begin();
    RTC.begin();

    if (! RTC.isrunning()) Serial.println("RTC is NOT running!");
    // following line sets the RTC to the date & time this sketch was compiled
    RTC.adjust(DateTime(__DATE__, __TIME__));

}

void loop ()
{
    DateTime now = RTC.now();

    Serial.print(now.year(), DEC);
    Serial.print('-');
    Serial.print(now.month(), DEC);
    Serial.print('-');
```

```
    Serial.print(now.day(), DEC);
    Serial.print(' ');
    Serial.print(now.hour(), DEC);
    Serial.print(':');
    Serial.print(now.minute(), DEC);
    Serial.print(':');
    Serial.print(now.second(), DEC);

    delay(1000);
#if VT100
    Serial.print(27, BYTE);
    Serial.print("[1K");
    Serial.print(27, BYTE);
    Serial.print("[H");
#else
    Serial.println();
#endif
}
```

Listing 11 Quelltext DS1307_Setup.pde

Um die Zeitangaben im Terminalprogramm besser verfolgen zu können, wurden einige VT100-Kommandos zum Löschen von Anzeigeninhalt und Platzierung des Cursors verwendet. Bedingung dafür ist, dass das Terminalprogramm den VT100-Modus beherrscht [10][11].

Das hier verwendete Terminalprogramm PuTTY [12] ist ein SSH und Telnet Client für Windows. Das von Simon Tatham entwickelte Programm steht als Open Source zur Verfügung und kann von www.putty.org heruntergeladen werden. Abbildung 42 zeigt den auf die Anzeige reduzierten Ausschnitt des PuTTY Screens.

Abbildung 42 Terminalausgabe im VT-100 Mode

Wem die vorgestellte Möglichkeit zum Stellen der Uhr zu wenig Flexibilität bietet, der kann auch den UNIX Timestamp für diese Zwecke nutzen.

Seit Unix Version 6 zählt die Unixzeit die vergangenen Sekunden seit dem 1. Januar 1970 00:00 Uhr UTC, wobei Schaltsekunden nicht mitgezählt werden. Zur Berechnung der UNIX Timestamp findet man zahlreiche Online Tools. Abbildung 43 zeigt ein Beispiel [13].

Abbildung 43 Unix Timestamp Converter

Mit einem solchen Timestamp Converter kann man Timestamps für beliebige Zeiten erstellen und muss diese nur zum richtigen Zeitpunkt dem RTC des Arduino mitteilen. Das folgende Programmbeispiel DS1307_Setup_1.pde zeigt dafür eine Möglichkeit.

Da das Programm im Wesentlichen der Time Library entnommen und nur leicht angepasst wurde, sollen an dieser Stelle nur die wichtigen Punkte erläutert werden.

In der Hauptschleife des Programms wird bei jedem Durchlauf auf Daten an der seriellen Schnittstelle geschaut. Wurden Daten empfangen, dann wird das Datenpaket durch die Funktion *time_t t = processSyncMessage()* analysiert und in der Variablen *t* zurückgegeben. Ist diese Zeit verschieden von 0, dann kann die Zeit des RTC auf diese Zeit eingestellt werden. Abbildung 44 zeigt den Vorgang nach Senden des Strings T1278237263 gemäß Abbildung 43.

```
//
// Title       : Setup DS1307 RTC by UNIX Time String
// Author      : Claus Kühnel
// Date        : 2010-07-04
// Id          : SetupDS1307-1.pde
// Based on    : TimeRTCSet from Time Library
// Version     : 0018
// Micro       : Arduino Duemilanove w/ ATmega328
//
// DISCLAIMER:
// The author is in no way responsible for any problems or damage caused by
// using this code. Use at your own risk.
//
// LICENSE:
// This code is distributed under the GNU Public License
// which can be found at http://www.gnu.org/licenses/gpl.txt
//
//------------------------------------------------------------------
//
#include <Time.h>
#include <Wire.h>
```

```
#include <DS1307RTC.h>      // a basic DS1307 library that returns
time as a time_t

// code to process time sync messages from the serial port
#define TIME_MSG_LEN  11   // time sync to PC is T followed by
unix time_t
#define TIME_HEADER  'T'   // Header tag for serial time sync message

void setup()
{
  Serial.begin(9600);
  setSyncProvider(RTC.get);   // function to get the time from RTC
  if(timeStatus()!= timeSet)
     Serial.println("Unable to sync with the RTC");
  else
     Serial.println("RTC has set the system time");
}

void loop()
{
  if(Serial.available())
  {
     time_t t = processSyncMessage();
     if(t >0)
     {
        RTC.set(t);   // set the RTC and the system time to the
received value
        setTime(t);
     }
  }
   digitalClockDisplay();
   delay(1000);
}

void digitalClockDisplay(){
  // digital clock display of the time
  Serial.print(year());
  Serial.print("-");
  Serial.print(month());
  Serial.print("-");
  Serial.print(day());
  Serial.print(" ");
  Serial.print(hour());
  printDigits(minute());
  printDigits(second());
  Serial.println();
}

void printDigits(int digits){
  // utility function for digital clock display: prints preceding
colon and leading 0
  Serial.print(":");
  if(digits < 10)
    Serial.print('0');
  Serial.print(digits);
}
```

```
time_t processSyncMessage()
{ // return the time if a valid sync message is received on the
serial port.
   while(Serial.available() >=  TIME_MSG_LEN )
   {  // time message consists of a header and ten ascii digits
      char c = Serial.read() ;
      Serial.print(c);
      if( c == TIME_HEADER ) {
        time_t pctime = 0;
        for(int i=0; i < TIME_MSG_LEN -1; i++){
          c = Serial.read();
          if( c >= '0' && c <= '9'){
            pctime = (10 * pctime) + (c - '0') ; // convert digits
to a number
          }
        }
      return pctime;
      }
   }
   return 0;
}
```

Listing 12   Quelltext DS1307_Setup_1.pde

Abbildung 44   Setzen der RTC durch UNIX Timestamp

4.9 RFID Reader

Es gibt zahlreiche Gründe Messsysteme vor unberechtigter Benutzung zu schützen. Eine Möglichkeit hierzu ist der Einsatz von RFID-Transpondern zur kontaktlosen Benutzeridentifikation.

Passive Transponder beziehen die erforderliche Energie aus dem HF-Signal der Basisstation und kommen deshalb ganz ohne eigene Batterie aus, sind sehr robust und vollkommen wartungsfrei.

Derzeit gibt es keinen einheitlichen RFID-Standard, der ein bestimmtes Frequenzband vorschreibt. Es gibt Systeme, die mit Frequenzen von 125 kHz, 13,56 MHz und 866 MHz arbeiten. Die einzelnen Frequenzbänder bieten verschiedene Vorteile in Bezug auf Lesegeschwindigkeit, Reichweite, Preis und Einsatzfähigkeit.

In Bereich von 125 kHz lassen sich kostengünstige Systeme für Benutzeridentifikation, Zugangskontrollen, Wegfahrsperren u.s.w. aufbauen. Die Lesegeschwindigkeit und Reichweite ist relativ gering. Die Preise für die betreffenden Transponder (RFID Tags) sind gering und die Einsatzmöglichkeiten in rauen Umgebungen sind sehr gut.

Abbildung 45 zeigt eine Auswahl unterschiedlicher Ausführungsformen von RFID-Tags.

Abbildung 45 Ausführungsformen von RFID Tags

Im linken Bild ist eine sogenannter Logi Tag gezeigt, gefolgt von einem Glas Tag, einem Nail Tag (Nagel Tag) sowie einem Keyfob Tag (Schlüsselanhänger).

Basis für die hier eingesetzten RFID Tags ist der Baustein EM4102 von EM Microelectronic [14]. Durch Laserprogrammierung wird der Chip mit einer einzigartigen Seriennummer versehen, die für Identifikationsaufgaben herangezogen werden kann.

Als RFID-Reader setzen wir hier eine OEM-Baugruppe vom Typ OEM-S-R28e-232, Reader,TTL/RS232 von der Fa. R.S.Systems (www.rss-systems.de) ein, die durch die verschiedenen Schnittstellen für die Evaluation und Demonstrationen der RFID Technik in SHORT-RANGE Bereich sowie das Festlegen von Transponder-Leseabständen für ein späteres Projekt u.a.m. besonders geeignet ist [15]. Abbildung 46 zeigt das verwendete RFID Reader Board.

Abbildung 46   RFID Reader Board

Die rote LED signalisiert die anliegende Betriebsspannung (Power On) und die grüne LED blinkt, wenn der RFID Reader von einem RFID Tag im Bereich der Leseentfernung Daten empfängt. Die Daten sind in ein Paket von 10 Byte verpackt.

Da das RFID Reader Board mit 5V gespeist werden kann genügen drei Leitungen (VCC, GND, Tx-Rx) zum Anschluss an einen Arduino. Abbildung 47 zeigt die Verbindung des RFID Reader Boards mit einem Arduino Duemilanove und einem Arduino ProtoShield. Im rechten Bild ist deutlich die OnBoard-Antenne auf der Rückseite des RFID Reader Boards zu erkennen.

Abbildung 47   RFID Reader Board mit Arduino ProtoShield/Arduino 2009

In Listing 13 ist ein Programmbeispiel zum Lesen des RFID Reader gezeigt. Es sind wiederum zwei serielle Schnittstellen implementiert. Die Arduino Standardschnittstelle kommuniziert hier mit 57600 Baud mit dem angeschlossenen PC, während die Softwareschnittstelle über das Pin IO2 mit 4800 Baud die Daten vom RFID Reader empfängt.

Die empfangenen Daten werden im Debug Mode zeichenweise ausgegeben und im Normal Mode in der Stringvariablen *content* abgelegt. Mit dem Inhalt dieser Variablen kann eine Identifikation organisiert werden. Abbildung 48 zeigt die Terminalausgaben im Debug Mode, während Abbildung 49 die Ausgaben im Normal Mode zeigt.

```
//
// Title      : Reading RFID Tags by OEM Module
// Author     : Claus Kühnel
// Date       : 2010-05-15
// Id         : ReadRFID.pde
// Version    : 0018
// Micro      : Arduino Duemilanove w/ ATmega328
//
// DISCLAIMER:
// The author is in no way responsible for any problems or damage caused by
// using this code. Use at your own risk.
//
// LICENSE:
// This code is distributed under the GNU Public License
// which can be found at http://www.gnu.org/licenses/gpl.txt
//
// ---------------------------------------------------------------------
```

```
//
#include <NewSoftSerial.h>   // see http://arduiniana.org/librari-
es/NewSoftSerial/

#define DEBUG 0

const int LED = 13;           // LED an Pin13
char i=0;
char c;
char content[] = "%%%%%%%%%%";

void flash()                  // Toggle LED
{
  static boolean output = HIGH;

  digitalWrite(LED,output);
  output = !output;
}

NewSoftSerial mySerial(2, 3);   // mySerial(RX, TX, Pol)

void setup()
{
  Serial.begin(57600);
  Serial.println("RFID Reader is running...");

  // set the data rate for the NewSoftSerial port
  mySerial.begin(4800);
}

void loop()                   // run over and over again
{

  flash();

  if (mySerial.available())
  {
    c = (char) mySerial.read();
    if (c != ' ')
    {
      if (DEBUG) Serial.print(c);
      content[i] = c;
      i++;
      if (i==10)
      {
        if (!DEBUG)
        {
          Serial.print("Read RFID Content = ");
          Serial.print(content);
        }
        Serial.println();
        i=0;
      }
    }
  }
}
```

Listing 13 Quelltext ReadRFID.pde

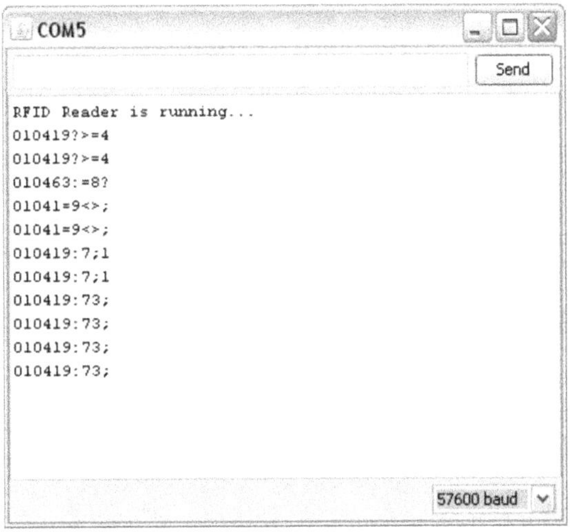

COM5
Send
RFID Reader is running...
010419?>=4
010419?>=4
010463:=8?
01041=9<>;
01041=9<>;
010419:7;1
010419:7;1
010419:73;
010419:73;
010419:73;
010419:73;
57600 baud

Abbildung 48 Terminalausgaben im Debug Mode

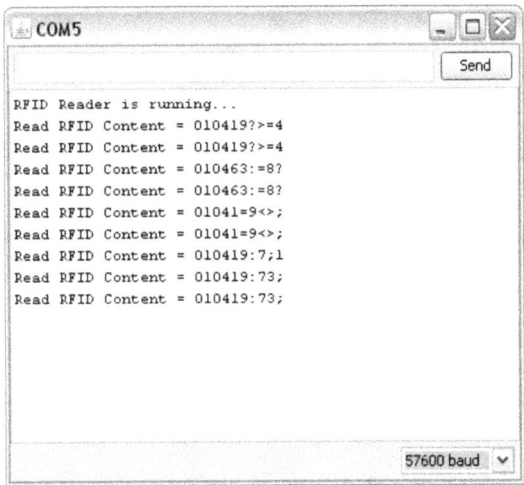

COM5
Send
RFID Reader is running...
Read RFID Content = 010419?>=4
Read RFID Content = 010419?>=4
Read RFID Content = 010463:=8?
Read RFID Content = 010463:=8?
Read RFID Content = 01041=9<>;
Read RFID Content = 01041=9<>;
Read RFID Content = 010419:7;1
Read RFID Content = 010419:73;
Read RFID Content = 010419:73;
57600 baud

Abbildung 49 Terminalausgaben im Normal Mode

5. Netzwerkapplikationen

In diesem Abschnit werden weitere Anwendungen vorgestellt, die unter Verwendung des Arduino Ethernet Shields von Sparkfun (DEV-09026) [16] netzwerkfähige Anwendungen möglich machen. Es gibt weitere auf dem Wiznet W5100 Chip [17] basierende Ethernet Shields von Seeed [18] und NKC [19], die alle zum hier eingesetzten Ethernet Shield kompatibel sind.

5.1 Ethernet Shield

Mit dem Arduino Ethernet Shield wird ein Arduino netzwerktauglich und kann so Verbindung mit einem Intranet bzw. dem Internet aufnehmen.

Kern des Arduino Ethernet Shields ist ein Wiznet W5100 Ethernet Chip, welcher einen TCP- bzw. UDP-Stack zur Verfügung stellt. Abbildung 50 zeigt ein Arduino Ethernet Shield aufgesteckt auf einen Arduino 2009.

Abbildung 50 Arduino Ethernet Shield

Das Arduino Ethernet Shield kann bis zu vier Socket Verbindungen unterstützen. Mit Hilfe der Ethernet Library können netzwerktaugliche Anwendungsprogramme geschrieben werden [20].

In den folgenden Abschnitten werde ich hierzu einige vorstellen. Für eigene Lösungen empfiehlt sich vorab eine Suche im Internet, da solche und ähnliche Anwendungen bereits massenhaft verfügbar sind.

In den ersten Versionen des Arduino Ethernet Shields war der vorgesehen SD-Card Steckplatz noch teilweise unbestückt und wurde von der Ethernet Library nicht unterstützt.

In späteren Versionen wurde ein Mirco-SD Steckplatz vorgesehen. Unterstützt wird dieser bspw. durch die SD Card Library von Bill Greiman [21].

Die Kommunikation zwischen dem Arduino und dem W5100 Ethernet Controller sowie der SD-Card erfolgt über den SPI Bus.

Beim Arduino 2009 stehen damit I/O 11 bis 13 für andere Funktionen nicht zur Verfügung. Darüber hinaus werden I/O 10 als Chip Select für den W5100 und I/O 4 für die SD-Card verwendet.

5.2 Arduino im Netzwerk

Bei den folgenden Betrachtungen wollen wir den Arduino 2009 neben anderen Teilnehmern in einem lokalen Netzwerk gemäß Abbildung 51 einsetzen.

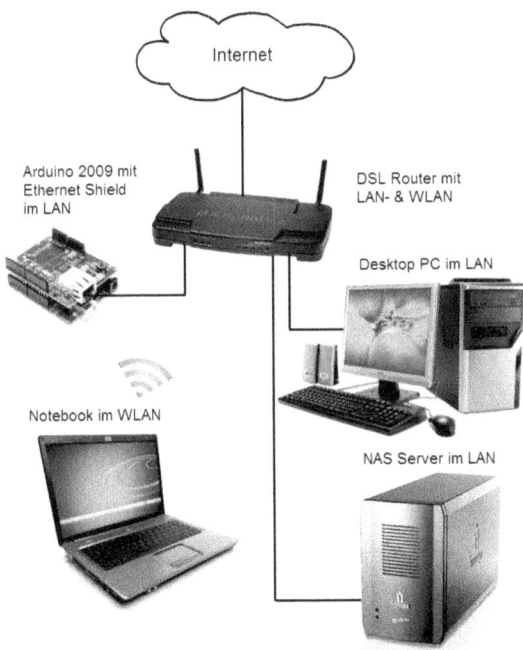

Abbildung 51 Arduino 2009 im Netzwerk

Alle Netzwerkkomponenten sind mit einem Router verbunden, der gleichzeitig (über ADSL) die Verbindung zum Internet ermöglicht. Die Verbindung ins Internet wollen wir hier nicht betrachten. Die Kommunikation im lokalen Netz ist für die folgenden Betrachtungen erst mal ausreichend.

Hierzu wird der eingesetzte Arduino mit den folgenden Netzwerkparametern versehen:

IP	192.168.1.99
Gateway	192.168.1.1
Subnet	255.255.255.0

Diese Netzwerkparameter müssen an die Gegebenheiten des jeweiligen Netzwerks angepasst werden.

Der Arduino bringt selbst seine MAC Adresse mit. Diese lautet DE-AD-BE-EF-FE-ED.

Diese Vereinbarungen werden in jedem der folgenden Programmbeispiele im Konfigurationsteil zu finden sein.

5.3 Hello World

Das berühmte "Hello World" soll uns den prinzipiellen Aufbau einer Webserver Anwendung aufzeigen.

Mats Vanselow hat hier schon sehr früh eine Webserver Anwendung vorgestellt, die sich besonders zur Überprüfung der noch neuen Mechanismen eignet. Listing 14 zeigt den Quelltext des Programmbeispiels Webserver.pde.

```
//
// Title      : Webserver
// Author     : Claus Kuehnel
// Date       : 2011-02-19
// Id         : Webserver.pde
// Version    : 0022
// based on   : Code by Mats Vanselow - http://www.mats-vanse-
low.de
//
// DISCLAIMER:
// The author is in no way responsible for any problems or damage
caused by
// using this code. Use at your own risk.
//
// LICENSE:
// This code is distributed under the GNU Public License
// which can be found at http://www.gnu.org/licenses/gpl.txt
//
//------------------------------------------------------------------
//
```

```
#if defined(ARDUINO) && ARDUINO > 18   // for Arduino 0019 or later
#include <SPI.h>
#endif
#include <Ethernet.h>

byte mac[] = { 0xDE, 0xAD, 0xBE, 0xEF, 0xFE, 0xED };  // MAC Address of Arduino Board
byte ip[] = { 192, 168, 1, 99 };        // IP Adresse of Arduino Board
//byte gateway[] = { 10, 0, 0, 1 };     // Gateway (optional)
//byte subnet[] = { 255, 255, 0, 0 };   // Subnet Maske (optional)
Server server = Server(80);             // Standard Port for HTTP

void setup()
{
  Ethernet.begin(mac, ip);//, gateway, subnet);  // init Ethernet
  server.begin();                       // start server, wait for clients
}

void loop()
{
  Client client = server.available();   // Client available?
  if (client) {                         // Access by user
    // send content for HTML page to calling web browser
    server.print("HTTP/1.0 200 OK\r\nServer: arduino\r\nContent-Type: text/html\r\n\r\n");
    server.print("<HTML><HEAD><TITLE>");
    server.print("Arduino 2009 Board");
    server.print("</TITLE>");
    server.print("</HEAD><BODY>");
    server.print("<b>Hello World!</b><br />");
    server.print("This is Arduino V. ");
    server.print(ARDUINO);
    server.print("<br />Arduino runs for ");
    server.print(millis());
    server.print(" ms.</BODY></HTML>");
    delay(10);                          // wait for finishing
    client.stop();                      // disconnect
  }
}
```

Listing 14   Quelltext Webserver.pde

Da es mit der Arduino Version 0019 einige Anpassungen an der Ethernet Library gegeben hatte, wird zu Beginn des Programms überprüft, ob noch zusätzlich die SPI Library geladen werden muss.

Es folgen die Vereinbarungen zu MAC- und IP-Adressen sowie Gateway und Subnet Maske.

Anschließend wir ein Server erzeugt, der die eingehenden Verbindungen bedient. Der Server nimmt Verbindungen auf dem Standard HTTP Port (Port 80) entgegen.

In der Routine *setup()* erfolgen schließlich die Initialisierung des Ethernet Controllers und der Start des Servers.

Wenn sich ein Client mit dem Server verbindet und Daten bereit hält, dann können diese in der Hauptschleife *loop()* gelesen werden. Hier wird auf das Lesen verzichtet und nur auf das Ereignis selbst reagiert, in dem über mehrere Anweisungen *server.print()* HTML Text an den Webbrowser gesendet wird, der dort eine Webseite aufbaut. Abbildung 52 zeigt die erzeugten Ausgaben im Webbrowser.

Neben den eigentlichen Texten werden auch Daten ausgegeben. Zum einen ist das die Versionsnummer (ARDUINO) und zum anderen die Zeit seit Programmstart *millis()*.

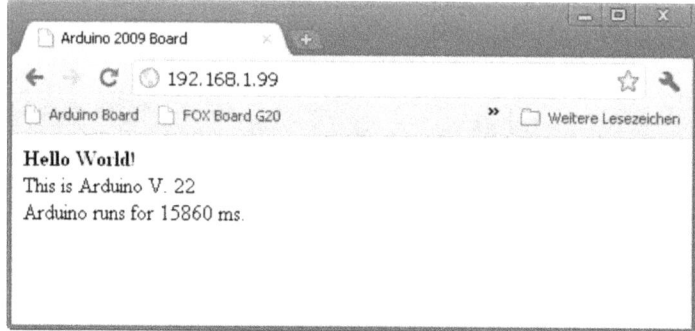

Abbildung 52   Ausgaben im Webbrowser

5.4   SHT11 am Embedded Webserver

Der Feuchte- und Temperatursensor SHT21 von Sensirion stellt an einem I²C-Interface Messwerte für relative Feuchte (0...100 % r.F.) und Temperatur (-40...+125 °C) zur Verfügung. Abbildung 53 zeigt die kompakte Bauform eines SHT21.

Mit diesem Sensor hat man eine sehr einfache Lösung für einen Sensor, der Umweltdaten erfasst. Darüber hinaus kann es Sinn machen, einen oder auch mehrere solcher Sensoren zur Überwachung der Betriebsbedingungen in einer Gerät unterzubringen.

Abbildung 53 SHT21

Die zu erwartenden Genauigkeiten sind im Datenblatt [22] detailliert ausgewiesen. Abbildung 54 zeigt hier die Toleranzen für den SHT21 Temperatursensor. Abbildung 55 zeigt die Toleranzen für den SHT21 Feuchtesensor.

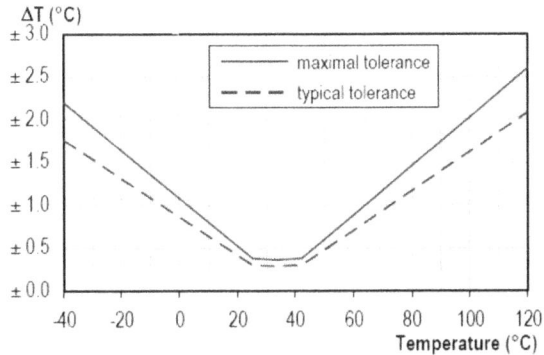

Abbildung 54   Toleranzen SHT21 Temperatur

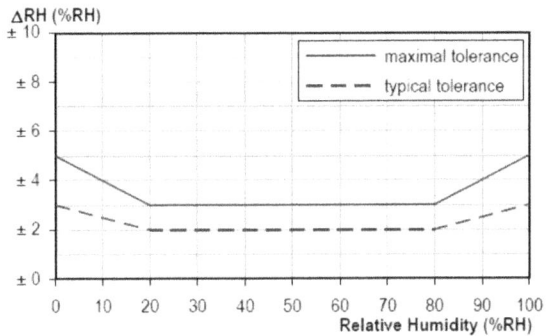

Abbildung 55   Toleranzen SHT21 rel. Feuchte

Die Programmierung der Sensorabfrage gestaltet sich mit Hilfe der Library SHT21 (SHT21.h) denkbar einfach. In dieser Library wird die Klasse SHT21 mit der Methode *readSensor()* definiert. Diese Methode liest über I²C die Werte für relative Feuchte aus und stellt diese als *SHT21.humi* und *SHT21.temp* bereit. Listing 15 zeigt den Quelltext des Programmbeispiels SHT21_Webserver.pde.

```
//
// Title      : SHT21 Webserver
// Author     : Claus Kuehnel
// Date       : 2011-02-19
// Id         : SHT21_Webserver.pde
// Version    : 0022
// based on   : Code by Mats Vanselow - http://www.mats-vanse-
low.de
//
```

```
// DISCLAIMER:
// The author is in no way responsible for any problems or damage
caused by
// using this code. Use at your own risk.
//
// LICENSE:
// This code is distributed under the GNU Public License
// which can be found at http://www.gnu.org/licenses/gpl.txt
//
// -----------------------------------------------------------------
//
#if defined(ARDUINO) && ARDUINO > 18    // for Arduino 0019 or later include SPI
#include <SPI.h>
#endif
#include <Ethernet.h>
#include <Wire.h>
#include <SHT21.h>

byte mac[] = { 0xDE, 0xAD, 0xBE, 0xEF, 0xFE, 0xED };   // MAC Address of Arduino Board
byte ip[] = { 192, 168, 1, 99 };         // IP Adresse of Arduino Board
//byte gateway[] = { 192, 168, 1, 1 };   // Gateway (optional)
//byte subnet[] = { 255, 255, 255, 0 };  // Subnet Maske (optional)

char link[]="http://www.ckuehnel.ch/arduino.html";  //link data
Server server = Server(80);              // Standard Port for HTTP

void setup()
{
  Ethernet.begin(mac, ip);//, gateway, subnet);  // init Ethernet
  server.begin();                                // wait for clients
  Wire.begin();                                  // init I2C interface
}

void loop()
{
  Client client = server.available();     // Client available?
  if (client)
  {                                       // Access by user
    SHT21.readSensor();
    // send content for HTML page to calling web browser
    server.print("HTTP/1.0 200 OK\r\nServer: arduino\r\nContent-Type: text/html\r\n\r\n");
    server.print("<HTML><HEAD><TITLE>");
    server.print("SHT21");
    server.print("</TITLE></HEAD>");
    server.print("<meta http-equiv=refresh content=10>");
    server.print("<BODY>");
    server.print("<b>Environmental Data measured by SHT21</b><br><br>");
    server.print("Refresh after about 10 seconds<br><br>");
    server.print("<table border=0 cellpadding=2 cellspacing=2 width=250><tbody><tr>");
    server.print("<td />Humidity (%RH):</td /><td />");
    server.print(SHT21.humi);
    server.print("</td></tr><tr>");
    server.print("<td />Temperature (grd C):</td /><td />");
```

```
        server.print(SHT21.temp);
        server.print("</td></tr></tbody></table>");
        server.println("<hr />");
        server.print("<a href=");              //printing a link
        server.print(link);
        server.println(">Author's Homepage</a>");
        server.print("<hr>Arduino runs for ");
        server.print(millis());
        server.print(" ms.</BODY></HTML>");
        delay(10);                              // wait for finishing
        client.stop();                          // disconnect
    }
}
```

Listing 15 Quelltext SHT21_Webserver.pde

Da in der Library SHT21 der Zugriff auf die Sensordaten über den I²C-Bus erfolgt, muss auch die Wire Library (Wire.h) zu Beginn des Programmbeispiels eingebunden werden.

Der Rest des Programms ist dann nahezu identisch zum vorangegangenen Programmbeispiel Webserver.pde.

Zu Beginn der Hauptschleife *loop()* wird der SHT21 über *SHT21.readSensor()* abgefragt. Nach dieser Abfrage wird wieder über mehrere Anweisungen *server-.print()* HTML Text an den Webbrowser gesendet und dort eine Webseite aufbaut. Abbildung 56 zeigt die erzeugten Ausgaben im Webbrowser.

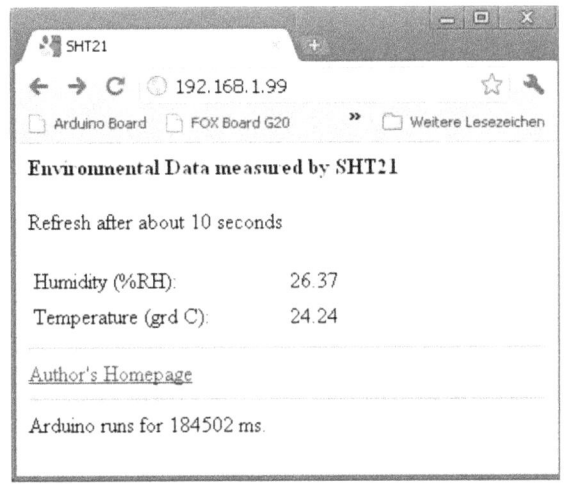

Abbildung 56 Ausgabe der SHT21 Daten

Drei Besonderheiten sind im HTML-Text dann aber doch noch versteckt. Bei der Art der Ausgabe über *server.print()* ist das allerdings recht unübersichtlich.

Relative Feuchte und Temperatur (im mittleren Bereich von Abbildung 56) werden in einer Tabelle angezeigt. Um den erforderlichen Quelltext zu erzeugen, verwende ich hier den HTML-Editor NVU [23].

Abbildung 57 zeigt das Erstellen einer (2 x 2) Tabelle in der Normalansicht des Editors NVU. Durch Umschalten in die Quelltextansicht kann man sich dann den Tabellenteil herauskopieren. Listing 16 zeigt das Ergebnis.

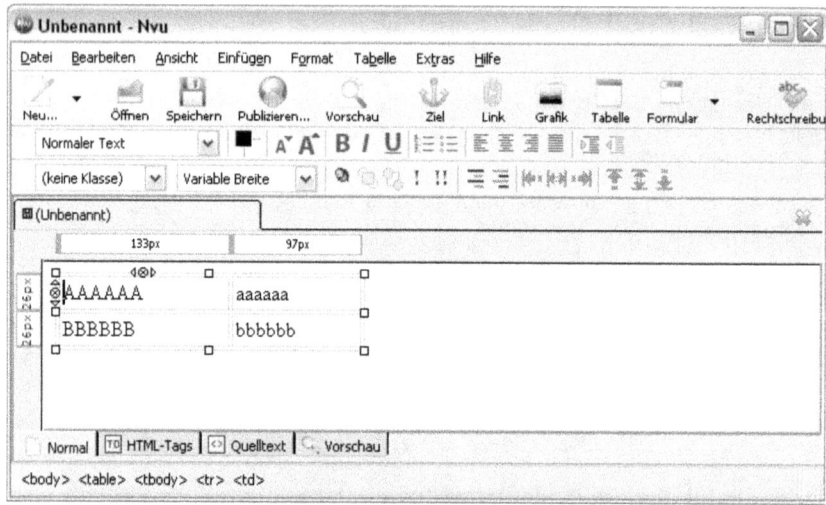

Abbildung 57   Erstellen einer Tabelle

```
<table border="0" cellpadding="2" cellspacing="2"
width="250">
  <tbody>
    <tr>
      <td>AAAAAA</td>
      <td>aaaaaa</td>
    </tr>
    <tr>
      <td>BBBBBB</td>
      <td>bbbbbb</td>
    </tr>
  </tbody>
</table>
```

Listing 16   HTML-Text für Tabelle

Der Quelltext nach Listing 16 kann nun von Hand in die Anweisungen *server.print()* konvertiert werden.

Damit der SHT21 nicht nur einmal beim Aufruf durch den Webbrowser abgefragt wird, kann man einen automatischen Refresh der Webseite durch einen Meta-Tag einbauen [9].

Hier erfolgt dieser Refresh im Takt von 10 Sekunden durch die Anweisung *<meta http-equiv=refresh content=10>*. Abbildung 58 zeigt die Folgeabfrage auf die in Abbildung 56 gezeigte Abfrage. Nur die Luftfeuchtigkeit hat sich hinter dem Komma leicht verändert. An der Laufzeit erkennt man aber die Zeitdifferenz von (nahezu) 10 Sekunden.

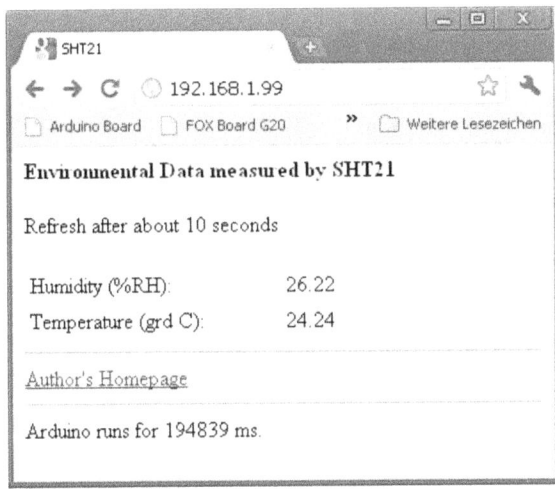

Abbildung 58   Folgende Datenausgabe

Als letztes soll noch der ausgegebene Link betrachtet werden. Der hier gewünschte Link   *<a href="http://www.ckuehnel.ch/arduino.html ">Author's Homepage</a>
* wird in den Daten- und HTML-Teil zerlegt. Die URL wird als Textfeld in der Form *char link[]="http://www.ckuehnel.ch/arduino.html";* zu Beginn des Quelltextes deklariert und initialisiert, wo mit dann mit drei Anweisungen *server.print()* der komplette Link dargestellt werden kann.

Im folgenden Programmbeispiel soll von der Webseite her noch eine Dateneingabe erfolgen. Die Eingabe eine Grenzwertes (Set Temperature Level) erlaubt dem Arduino anhand der mit dem SHT21 gemessenen Temperatur, einen Alarm zu setzen. Abbildung 59 zeigt den Entwurf der zu erstellenden Webseite.

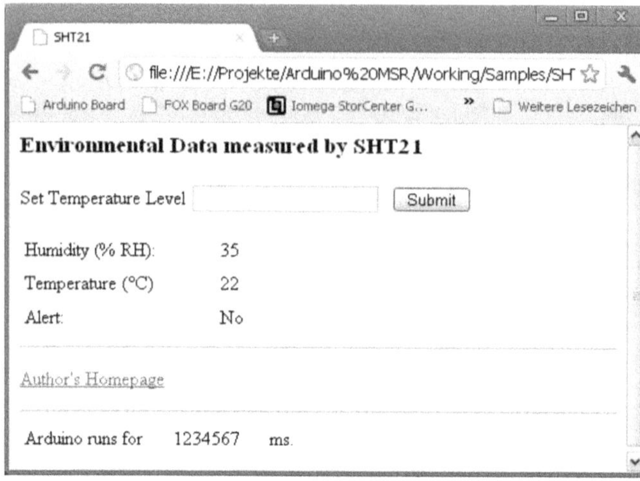

Abbildung 59 Webseite mit Datenein- und Ausgabe (Entwurf)

Die Dateneingabe wird über ein Formular vorgenommen. In der hier gezeigten Form ergibt das einen HTML Quelltext in der Form

```
<form method="get" name="SendData">Set Temperature Level
    <input length="4" maxlenght="6" name="TempValue">  
    <input value=" Submit " type="submit">
</form>
```

Nach Eingabe eines Temperaturgrenzwertes und dem Drücken des Submit Buttons wird ein String in der Form

> GET /?TempValue=123 HTTP/1.1   bzw.
>
> GET /?TempValue=123.4 HTTP/1.1

an den Arduino gesendet. Nach Isolierung des Temperaturgrenzwertes kann eine für den Vergleich mit dem Messwert des SHT21 heranzuziehende Variable gesetzt werden. Das Ergebnis des Vergleichs kann dann die Alertausgabe steuern. Listing 17 zeigt den Quelltext des Programmbeispiels Webserver1.pde.

```
//
// Title       : SHT21 Webserver1
// Author      : Claus Kuehnel
// Date        : 2011-02-19
// Id          : SHT21_Webserver1.pde
// Version     : 0022
// based on    :
//
// DISCLAIMER:
// The author is in no way responsible for any problems or damage
caused by
// using this code. Use at your own risk.
//
// LICENSE:
// This code is distributed under the GNU Public License
// which can be found at http://www.gnu.org/licenses/gpl.txt
//
-------------------------------------------------------------------
//
#if defined(ARDUINO) && ARDUINO > 18   // for Arduino 0019 or la-
ter include SPI
#include <SPI.h>
#endif
#include <Ethernet.h>
#include <Wire.h>
#include <SHT21.h>

byte mac[] = { 0xDE, 0xAD, 0xBE, 0xEF, 0xFE, 0xED };  // MAC Ad-
dress of Arduino Board
byte ip[] = { 192, 168, 1, 99 };   // IP Adresse des Arduino Boards
//byte gateway[] = { 192, 168, 1, 1 };   // Gateway (optional)
//byte subnet[] = { 255, 255, 255, 0 };  // Subnet Maske (optional)

String readString = String(30); //string for fetching data from
address

boolean overLimit = false;
int TemperatureLimit = 22;

char link[]="http://www.ckuehnel.ch/arduino.html";   //link data

Server server = Server(80);                  // Standard Port for HTTP

void setup()
{
  Ethernet.begin(mac, ip);//, gateway, subnet);  // init Ethernet
  server.begin();                             // wait for clients
  Wire.begin();                               // init I2C interface
  Serial.begin(19200);
}

void loop()
{
  Client client = server.available();// Create a client connection
  if (client)
  {
    while (client.connected())
```

```
    {
        if (client.available())
        {
            char c = client.read();
            if (readString.length() < 30)  //read char by char HTTP request
            {
                readString += c;            //store characters to string
            }
            Serial.print(c);                //output chars to serial port

            if (c == '\n')                  //if HTTP request has ended
            {
                Serial.print("\n HTTP Request finished\n\n");
                // ************************************************
                int tl = getTemperatureLimit();
                if (tl >= 0) TemperatureLimit = tl;
                Serial.println(TemperatureLimit);
                sendPage();
                readString="";              //clearing string for next read
                client.stop();              //stopping client
            }
        }
    }
}

void sendPage(void)
{
  SHT21.readSensor();
  // send content for HTML page to calling web browser
  server.print("HTTP/1.0 200 OK\r\nServer: arduino\r\nContent-Type: text/html\r\n\r\n");
  server.print("<HTML><HEAD><TITLE>");
  server.print("SHT21");
  server.print("</TITLE></HEAD>");
  server.print("<meta http-equiv=refresh content=10>");
  server.print("<BODY>");
  server.print("<b>Environmental Data measured by SHT21</b><br><br>");
  server.print("Refresh after about 10 seconds<br><br>");
  server.print("<form method=get name=SendData>Set Temperature Level <input length=4 maxlenght=6 name=TempValue>  ");
  server.print("<input value= Submit  type=submit></form>");
  server.print("<table border=0 cellpadding=2 cellspacing=2 width=250><tbody><tr>");
  server.print("<td />Humidity (%RH):</td /><td />");
  server.print(SHT21.humi);
  server.print("</td></tr><tr>");
  server.print("<td />Temperature (grd C):</td /><td />");
  server.print(SHT21.temp);
  server.print("</td></tr><tr>");
  server.print("<td />TemperatureLimit (grd C):</td /><td />");
  server.print(TemperatureLimit);
  server.print("</td></tr><tr>");
  server.print("<td />Temperature is</td /><td />");
  if (SHT21.temp > TemperatureLimit) server.print("over Limit");
  else server.print("under Limit");
```

```
server.print("</td></tr></tbody></table>");
server.println("<hr />");
//printing a link
server.print("<a href=");
server.print(link);
server.println(">Author's Homepage</a>");
server.print("<hr>Arduino runs for ");
server.print(millis());
server.print(" ms.</BODY></HTML>");
}

int getTemperatureLimit(void)
{
   String query;
   int result=0;

   int pos1 = readString.indexOf('=');
   int pos2 = readString.indexOf(' ',pos1);
//   Serial.println(pos1);
//   Serial.println(pos2);
   if (pos1 < 0)
   {
      result = -1;
   }
   else
   {
      for(int i = pos1+1; i < pos2; i++) query += readString.charAt(i);
      query += "\0";
      Serial.println(query);
      query = query.replace('-', '0'); // only positive value allowed
      for(int i = 0; i < query.length(); i++)
      {
         char c = query.charAt(i);
         if (c == '.') break;
         result *= 10;
         result += c - 0x30;
      }
   }
   return result;                       // return new temperature limit
}
```

Listing 17   Quelltext SHT21_Webserver1.pde

Alle Ausgaben des Arduinos wurden hier in die Funktion *sendPage()* verpackt. Es wird hier wiederum eine HTML-Seite aufgebaut und an den Webbrowser gesendet. Abbildung 60 zeigt die geringfügig vom Entwurf (Abbildung 59) abweichende Gestaltung.

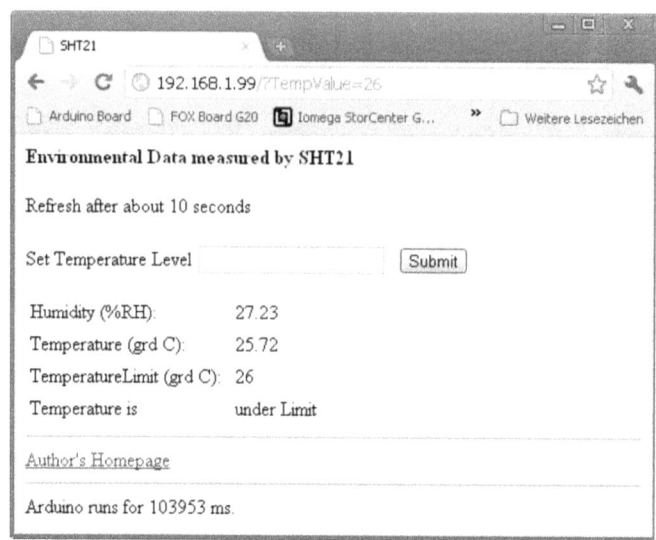

Abbildung 60   Webseite mit Datenein- und Ausgabe

Die Auswertung der Eingabe des Temperaturgrenzwertes erfolgt in der Funktion *getTemperatureLimit()*, die den Temperaturgrenzwert aus dem vom Webbrowser an den Arduino gesendeten Datenstrom isoliert. Die Funktion beschränkt die Eingabe auf positive und ganzzahlige Werte. Wird kein Temperaturgrenzwert in der Eingabe gefunden, dann gibt die Funktion -1 zurück und der Temperaturgrenzwert bleibt unverändert.

Ohne Eingabe eines Temperaturgrenzwertes erfolgt wieder alle 10 Sekunden ein Refresh der Ausgabe einschließlich der Messwertabfrage vom SHT21.

5.5   Arduino twittert

Twitter ist eine Internet Applikation zum Micro-Blogging, bei der ähnlich zum SMS kurze Textnachrichten versendet werden können. Die einzelnen Postings sind privat oder öffentlich zugängig.

Zum Versenden der maximal 140 Zeichen umfassenden Mitteilungen (Tweets) benötigt der Autor (Twitterer) einen Account bei Twitter.com. Der Interessent an diesen Mitteilungen kann diese abonnieren und wird dann als Follower bezeichnet.

Die Anmeldung bei Twitter erfolgt in der üblichen Weise mit Usernamen und Password nach dem ein Account eingerichtet wurde.

Twitter lässt sich nun nicht nur für den Versand von mehr oder minder wichtigen Textmitteilungen verwenden, sondern kann auch zum Versand von Statusmeldungen einer Messeinrichtung o.ä. dienen.

Für unser Beispiel hier sollen die Messdaten des SHT21 in eine Mitteilung verpackt „getwittert" werden.

Der Versand einer Mitteilung an Twitter gestaltet sich mit Hilfe der Twitter Library [25] sehr einfach. Bei Verwendung der Twitter Library wird der Tweet nicht direkt vom Arduino zu Twitter.com gesendet. Der Tweet wird vom Arduino über eine Website an Twitter weitergeleitet.

Damit die Twitter Zugangsdaten nicht preisgegeben werden müssen, wird das OAuth-Protokoll eingesetzt. Hierzu wird die Username/Password Kombination durch einen Token ersetzt [27].

Die mit der Twitter Library verbundene Anwendung von NeoCat muss Zugang zu Twitter Account bekommen. Über die Twitter Library Website [25] können der Zugang zum Twitter Account erlaubt und der zu benutzende Token generiert werden. Abbildung 61 zeigt, wie die Zugriffserlaubnis erteilt wird. Abbildung 62 zeigt die Ausgabe des erzeugten Tokens, der für die Twitter Authorisierung benötigt wird. Damit die Daten des Autors nicht öffentlich gemacht werden, wurde die Ausgabe nachträglich geschwärzt.

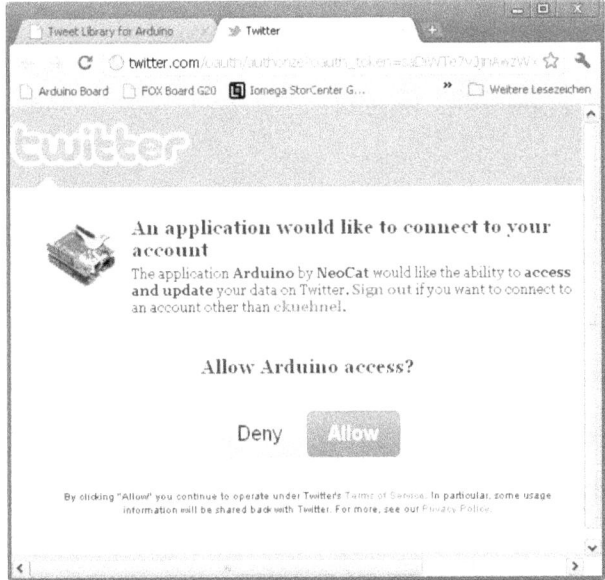

Abbildung 61   Twitter Zugriff erlauben

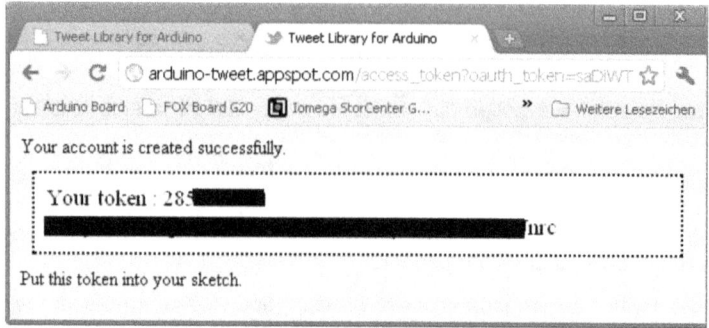

Abbildung 62 Token zum Zugriff auf Twitter

Im Programmbeispiel SHT21_Twitter.pde (Listing 18) wird mit dem eben generierten Token über *Twitter twitter("285...nrc")* das erforderliche Twitter Objekt erzeugt.

Die zu versendende Mitteilung wird in der Routine *setup()* nach Abfrage des Sensors stückweise im String *toSend* zusammen gestellt. Mit der Funktion *twitter.post(toSend)* wird schließlich die Mitteilung verschickt. Abbildung 63 zeigt den versendeten Tweet mit den Messdaten des SHT21.

```
//
// Title     : SHT21 Twitter
// Author    : Claus Kuehnel
// Date      : 2011-02-19
// Id        : SHT21_Twitter.pde
// Version   : 0022
// based on  : Simple Post by NeoCat
(http://www.arduino.cc/playground/Code/TwitterLibrary)
//
// DISCLAIMER:
// The author is in no way responsible for any problems or damage
caused by
// using this code. Use at your own risk.
//
// LICENSE:
// This code is distributed under the GNU Public License
// which can be found at http://www.gnu.org/licenses/gpl.txt
//
// ----------------------------------------------------------------
//
#if defined(ARDUINO) && ARDUINO > 18   // Arduino 0019 or later
#include <SPI.h>
#endif
#include <Ethernet.h>
#include <EthernetDNS.h>
#include <Twitter.h>
#include <Wire.h>
#include <SHT21.h>
```

```
// Ethernet Shield Settings
byte mac[] = { 0xDE, 0xAD, 0xBE, 0xEF, 0xFE, 0xED };

// substitute an address on your own network here
byte ip[] = { 192, 168, 1, 99 };

// Your Token to Tweet (get it from http://arduino-tweet.appspot.
com/)
Twitter twitter("28548x-
xxxxxxxxxxxxxxxxxxxxxxxxxxxxxxxxxxxnrc"); //use the right token

// Message to post
char msg[] = "SHT21 Environmental Data";
char tmp[10];
char toSend[140];                // maximum length of tweet

void setup()
{
  delay(1000);
  Ethernet.begin(mac, ip);
  Serial.begin(19200);

  SHT21.readSensor();
  strcat(toSend, msg);
  strcat(toSend, "\nTemperature is ");
  itoa((int)SHT21.temp, tmp, 10); strcat(toSend, tmp);
  strcat(toSend, " grd C\nHumidity is ");
  itoa((int)SHT21.humi, tmp, 10); strcat(toSend, tmp);
  strcat(toSend, " % r.H.\n");
  Serial.print(toSend);

  Serial.println("connecting ...");
  if (twitter.post(toSend))
  {
    // Specify &Serial to output received response to Serial.
    // If no output is required, you can just omit the argument, e.g.
    // int status = twitter.wait();
    int status = twitter.wait();
    if (status == 200)
    {
      Serial.println("OK.");
    }
    else
    {
      Serial.print("failed : code ");
      Serial.println(status);
    }
  }
  else Serial.println("connection failed.");
}

void loop()
{
}
```

Listing 18 Quelltext SHT21_Twitter.pde

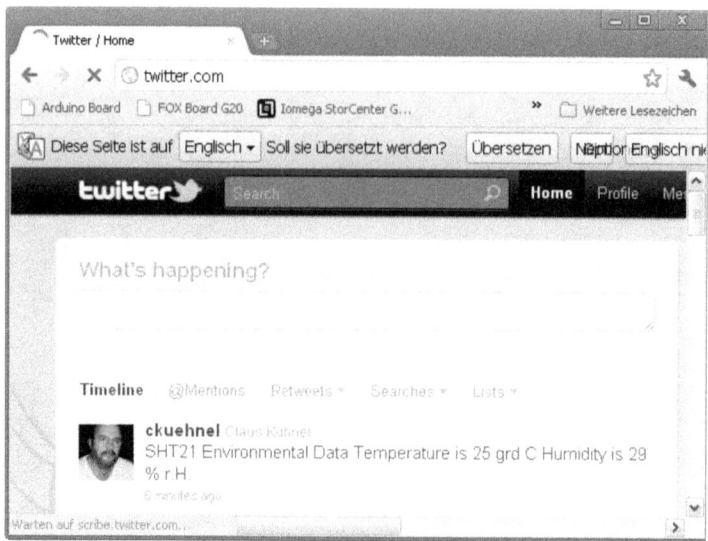

Abbildung 63 TwitterMessage

5.6 Arduino versendet Mail

Eine andere Möglichkeit, Statusmitteilungen oder Messdaten zu versenden ist die klassische eMail. Hier wird der Zugriff auf einen Mailserver über Telnet verwendet [28][29].

In der Regel wird man sich beim Mailserver mit Username und Password anmelden. Welches Login-Verfahren der Mailserver versteht kann man via Telnet anfragen.

Beim PLAIN-Login sind Username und Password BASE64 enkodiert. Da man dieses wieder leicht dekodieren kann, sollte man das nicht unverschlüsselt auf dem Mail-Standard-Port 25 machen.

Weiterhin benötigt man die IP Adresse des eingesetzten Mailservers, die jedoch sehr einfach aus der betreffenden URL abgeleitet werden kann. Ich habe für den im folgenden betrachteten Mailversand einen Mailserver beim Provider GMX eingerichtet (mail.gmx.ch).

Abbildung 64 zeigt, wie mit Hilfe des aus der Kommandozeile zu startenden Programm *nslookup*, die IP Adresse zur URL *mail.gmx.ch* abgefragt werden kann.

```
C:\WINDOWS\system32\cmd.exe

C:\>nslookup mail.gmx.ch
Server:  resolver1.dyndnsinternetguide.com
Address: 216.146.35.35

Nicht autorisierte Antwort:
Name:    mail.gmx.net
Addresses: 213.165.64.20, 213.165.64.21
Aliases: mail.gmx.ch
```

Abbildung 64   Abfrage der IP aus einer URL

Bevor wir nun zum eigentlichen Programmbeispiel kommen, soll das Versenden von eMail mit Telnet vom PC aus untersucht werden.

Von der Kommandozeile starten wir Telnet durch den folgenden Aufruf

C:\>telnet mail.gmx.ch 25

Port 25 ist der Port auf dem Mailserver Verbindungen entgegen nehmen. Die vom PC gesendeten Kommandos sowie die jeweils durch einen Statuscode eingeleiteten Antworten des Mailservers sind in Abbildung 65 zu sehen.

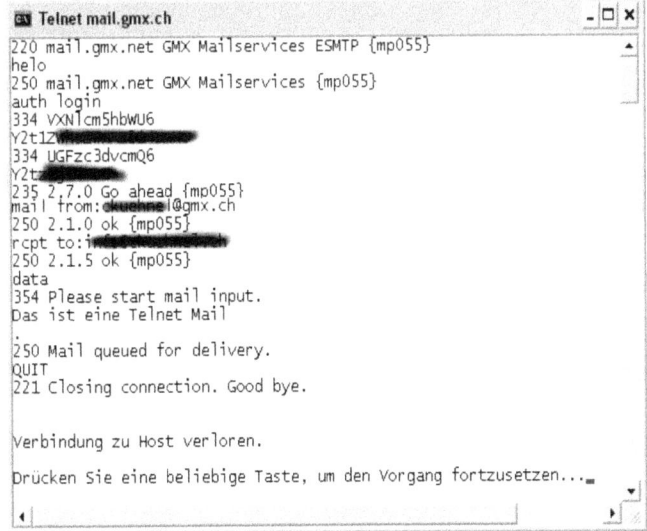

Abbildung 65   eMail mit Telnet versenden

Gibt man anstelle des Kommandos HELO zur Client Identifizierung das Kommando EHLO ein, dann werden noch Informationen zur Art der Authentifizierung geliefert.

Nach dem Kommando AUTH LOGIN fragt der Mailserver nach Usernamen und Password, die im BASE64-Format einzugeben sind. Für die erforderliche Codierung sind im Internet massenhaft Tools zu finden (z.B. [26]).

Sind Username und Password akzeptiert, dann meldet der Mailserver „Go ahead" und es können die eigentlichen Daten der Mail eingegeben werden. Der Mailtext wird durch <CR><LF>.<CR><LF> abgeschlossen. Anschließend kann die Sitzung durch QUIT beendet werden.

Im Programmbeispiel *SHT21_Mail1.pde* (Listing 19) sind nun diese Kommandos in gleicher Abfolge implementiert. Den Abschluss der Hauptschleife bildet ein *delay(7200000u)*, wodurch die nächste Statusmeldung erst nach 2 Stunden erfolgen wird. Abbildung 66 zeigt eine vom Arduino empfangene eMail in Outlook.

```
//
// Title      : SHT21 Mail
// Author     : Claus Kuehnel
// Date       : 2011-02-19
// Id         : SHT21_Mail.pde
// Version    : 0022
// based on   : based on a sample from Spinlock
//
// DISCLAIMER:
// The author is in no way responsible for any problems or damage
caused by
// using this code. Use at your own risk.
//
// LICENSE:
// This code is distributed under the GNU Public License
// which can be found at http://www.gnu.org/licenses/gpl.txt
//
-------------------------------------------------------------------
//
#if defined(ARDUINO) && ARDUINO > 18   // Arduino 0019 or later
#include <SPI.h>
#endif
#include <Ethernet.h>
#include <Wire.h>
#include <SHT21.h>

// Ethernet Shield Settings
byte mac[] = { 0xDE, 0xAD, 0xBE, 0xEF, 0xFE, 0xED };

// substitute an address on your own network here
byte ip[] = { 192, 168, 1, 99 };

byte server[] = { 213, 165, 64, 21 };  // GMX Mail server address

// Message to mail
```

```
char msg[] = "SHT21 Environmental Data";
char tmp[10];
char toSend[200];
int wait = 200;

Client client(server, 25);

void setup()
{
  delay(1000); // allow the router to identify the Arduino before
the Arduino connects to the internet
  Ethernet.begin(mac, ip);
  Serial.begin(19200);
}

void loop()
{
  SHT21.readSensor();
  strcpy(toSend,"");
  strcat(toSend, msg);
  strcat(toSend, "\nTemperature is ");
  itoa((int)SHT21.temp, tmp, 10); strcat(toSend, tmp);
  strcat(toSend, " grd C\nHumidity is ");
  itoa((int)SHT21.humi, tmp, 10); strcat(toSend, tmp);
  strcat(toSend, " % r.H.\n");
  Serial.print(toSend);

  Serial.println("connecting...");
  if (client.connect())
  {
    Serial.println("connected");

    client.println("HELO");                // say hello
    delay(wait);                           // wait for a response
    client.println("AUTH LOGIN");          // Login
    delay(wait);                           // wait for a response
    client.println("Y2........No");        // Username
    delay(wait);                           // wait for a response
    client.println("Y2........DE=");       // Password
    delay(wait);                           // wait for a response
    client.println("MAIL FROM:xxxxx@gmx.ch");  // identify sender
    delay(wait); /* wait for a response */
    client.println("RCPT TO:info@xxxx.ch");  // identify recipient
    delay(wait); /* wait for a response */
    client.println("DATA");
    delay(wait); /* wait for a response */
    client.println("From: ckuehnel@gmx.ch"); // identify sender
    client.println("To: info@ckuehnel.ch");  // identify recipient
    client.println("Subject: Environmental Data"); // insert subject
    client.println();
    client.println(toSend);                // insert body
    delay(wait);

    client.println(".");                   // terminate connection
    delay(wait);                           // wait for a response
    client.println("QUIT");                // quit telnet
    delay(wait);                           // wait for a response
```

```
    Serial.println("disconnecting.");
    client.stop();
  }
  else Serial.println("connection failed");

  Serial.println("Waiting for next measurement...");
  delay(7200000u);                    // pause for two hours
}
```

Listing 19   Quelltext SHT21_Mail1.pde

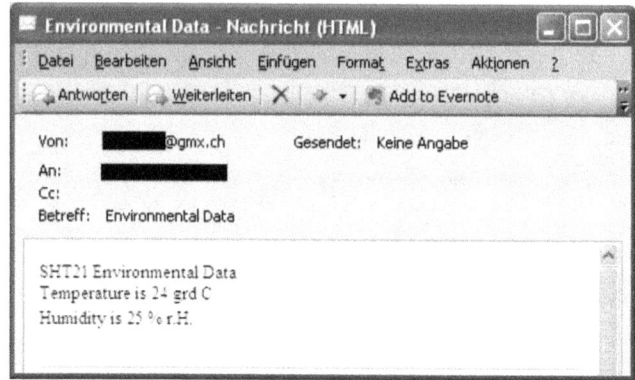

Abbildung 66   Empfangene eMail in Outlook

6. Arduino Interrupts

In diesem Abschnitt soll die interruptgesteuerte Programmabarbeitung betrachtet werden, die eine unmittelbare Reaktion auf äußere Ereignisse (Events) ermöglicht.

Gerade beim Messen, Steuern und Regeln von Prozessen ist die Reaktion in zeitlich bestimmten Grenzen erforderlich. Häufig wird hier der wenig bestimmte Begriff der Echtzeitfähigkeit verwendet, der besser als „Rechtzeitfähigkeit" verstanden werden sollte.

In der Rechentechnik versteht man unter einem Interrupt die Unterbrechung eines laufenden Programms, um ausgelöst durch ein bestimmtes Ereignis eine andere, meist zeitkritische Programmaktion auszuführen.

Das auslösende Ereignis wird Unterbrechungsanforderung (Interrupt Request, IRQ) genannt. Danach wird die Unterbrechungsbehandlungsroutine (Interrupt

Service Routine, ISR) ausgeführt. Anschließend wird die Ausführung des Programms nach der Unterbrechungsstelle fortgesetzt [30].

Die interruptgesteuerte Programmabarbeitung ist in Abbildung 67 dargestellt. Der linke Zweig stellt dabei einen konventionellen Programmablauf dar.

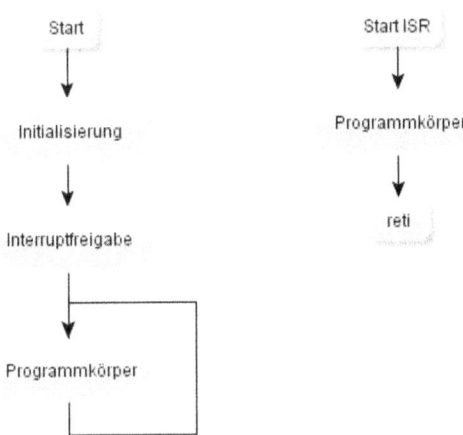

Abbildung 67 Interruptgesteuerter Programmablauf

Nach dem Start des Programms erfolgt die Initialisierung von Speicherbereichen, Variablen und Peripherie. Anschließend werden, wenn verwendet, die benutzten Interrupts frei gegeben. Nach diesen Initialisierungsschritten tritt das Programm in eine Endlosschleife ein.

Wurden Interrupts frei gegeben, dann kann das zugehörige Ereignis einen Interrupt anfordern und das Programm startet die zugehörige Interrupt Service Routine (ISR).

Die Abarbeitung der Interrupt Service Routine wird durch ein "Return from Interrupt" (reti) abgeschlossen und die Programmabarbeitung wird nach der Unterbrechungsstelle fortgesetzt.

Interrupt Service Routinen sollten kurz gehalten werden, damit die Unterbrechung des Hauptprogramms auf das notwendige Minimum beschränkt wird. Arbeitet man mit mehreren Interrupts, dann könnten durch lange Unterbrechungen der Hauptschleife Interruptanforderungen verloren gehen.

Moderne Mikrocontroller haben heute in der Regel leistungsfähige Interruptsysteme. Wir wollen hier ausgewählte Aspekte des Interruptsystems des im Arduino 2009 eingesetzten ATmega328 näher betrachten.

6.1 Kontakt zur Außenwelt

Bei der Betrachtung des Interruptverhaltens müssen die Anschlüsse des eingesetzten Mikrocontrollers direkt mit einbezogen werden. Ein Nachschlagen im Datenblatt des eingesetzten Mikrocontrollers ist dabei unerlässlich. Die Anschlussbezeichnungen des Arduino 2009 Boards führen da nicht weiter. Abbildung 68 zeigt die Abbildung der ATmega328 Pins auf die Arduino 2009 Anschlüsse.

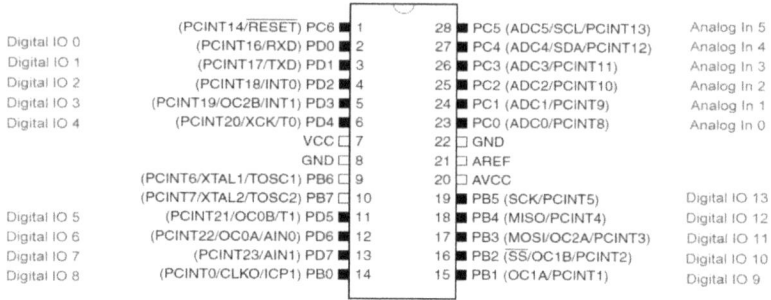

Abbildung 68   ATmega328 Pins vs. Arduino 2009 Anschlüsse

6.2 Interruptsystem des ATmega328

Die AVR Mikrocontroller können eine Vielzahl unterschiedlicher Interrupts verarbeiten. Diese Interrupts sowie der Reset haben einen sogenannten Interruptvektor im Programmspeicher.

Jeder Interrupt kann individuell freigegeben werden.

Die Interruptvektoren sind in Form einer Tabelle am unteren Ende des Programmspeichers angeordnet. Verknüpft mit der Position in dieser Tabelle ist die Priorität des jeweiligen Interrupts. Je niedriger die Adresse des Interruptvektors desto höher ist die Priorität.

Wird ein Interrupt angefordert, dann wird das Global Interrupt Enable Bit zurückgesetzt und alle (weiteren) Interrupts sind damit gesperrt (disabled). Das Anwendungsprogramm kann diese Sperre aufheben. Automatisch aufgehoben wird diese Sperre beim Verlassen der betreffenden Interrupt-Serviceroutine (ISR) durch ein "Return from Interrupt" (reti).

Es gibt grundsätzlich zwei unterschiedliche Typen von Interrupts. Der erste Typ wird durch ein Ereignis, welches das betreffende Interrupt-Flag setzt, getriggert. Der Programmzähler wird mit der Adresse des betreffenden Interruptvektors geladen und die zugehörige Interrupt Service Routine wird abgearbeitet. Tritt eine Interruptanforderung auf, wenn der betreffende Interrupt nicht freigegeben ist, dann wird diese Interruptanforderung gespeichert und erst nach Freigabe des Interrupts dann bearbeitet. Gleiches Verhalten gilt auch für den Globalen Interrupt.

Der zweite Typ triggert nur so lange, wie die Bedingung für den Interrupt existiert. Wir eine solche Bedingung vor der Interruptfreigabe beendet, dann geht dieser Interrupt verloren.

Wenn der AVR Mikrocontroller eine ISR beendet hat, dann wird die Programmabarbeitung nach der Unterbrechungsstelle fortgesetzt.

Das Statusregister wird nicht automatisch gesichert, so dass dieser Vorgang manuell vorgenommen werden muss.

6.3 Interruptvektortabelle ATmega328

Tabelle 7 zeigt die Interruptvektortabelle für den ATmega328. Fett markiert sind die Interrupts, die in den nächsten Abschnitten betrachtet werden.

Beim Arduino Projekt kommt der freie C-Compiler AVR-GCC aus der GNU Compiler Collection zum Einsatz. Aus diesem Grund sind in der Spalte rechts außen die Vektorbezeichnungen des AVR-GCC für den ATmega328 gelistet.

Vector No.	Program Address	Source	Interrupt Definition
1	0x00	RESET	External Pin, Power-on Reset, Brown-out Reset and Watchdog System Reset
2	0x02	INT0	External Interrupt Request 0
3	0x04	INT1	External Interrupt Request 1
4	0x06	PCINT0	Pin Change Interrupt Request 0
5	0x08	PCINT1	Pin Change Interrupt Request 1
6	0x0A	PCINT2	Pin Change Interrupt Request 2
7	0x0C	WDT	Watchdog Time-out Interrupt
8	0x0E	TIMER2 COMPA	Timer/Counter2 Compare Match A
9	0x10	TIMER2 COMPB	Timer/Counter2 Compare Match B
10	0x12	TIMER2 OVF	Timer/Counter2 Overflow
11	0x14	TIMER1 CAPT	Timer/Counter1 Capture Event
12	0x16	TIMER1 COMPA	Timer/Counter1 Compare Match A
13	0x18	TIMER1 COMPB	Timer/Counter1 Compare Match B
14	0x1A	TIMER1 OVF	Timer/Counter1 Overflow

Vector No.	Program Address	Source	Interrupt Definition
15	0x1C	TIMER0 COMPA	Timer/Counter0 Compare Match A
16	0x1E	TIMER0 COMPB	Timer/Counter0 Compare Match B
17	0x20	TIMER0 OVF	Timer/Counter0 Overflow
18	0x22	SPI, STC	SPI Serial Transfer Complete
19	0x24	USART, RX	USART Rx Complete
20	0x26	USART, UDRE	USART, Data Register Empty
21	0x28	USART, TX	USART, Tx Complete
22	**0x2A**	**ADC**	**ADC Conversion Complete**
23	0x2C	EE READY	EEPROM Ready
24	**0x2E**	**ANALOG COMP**	**Analog Comparator**
25	0x30	TWI	2-wire Serial Interface
26	0x32	SPM READY	Store Program Memory Ready

Tabelle 7   Interruptvektortabelle **ATmega328**

6.4 External Interrupts INT0 und INT1

Die Interrupts INT0 und INT1 (INTx) werden bei bestimmten Pegeln an den Pins PD2 bzw. PD3 des ATmega328 (Arduino 2009: Digital IO 2 und 3) angefordert.

6.4.1 Register für Interrupts INT0 und INT1

Die Steuerung des Interruptverhaltens erfolgt über das Register EICRA gemäß Tabelle 8.

Bit	7	6	5	4	3	2	1	0	
(0x69)	-	-	-	-	ISC11	ISC10	ISC01	ISC00	EICRA
Read/Write	R	R	R	R	R/W	R/W	R/W	R/W	
Initialwert	0	0	0	0	0	0	0	0	

ISCx1	ISCx0	Beschreibung
0	0	Lo an INTx fordert einen Interrupt an (LOW)
0	1	Eine beliebige Pegeländerung an INTx fordert einen Interrupt an (CHANGE)
1	0	Eine fallende Flanke an INTx fordert einen Interrupt an (FALLING)
1	1	Eine steigende Flanke an INTx fordert einen Interrupt an (RISING)

Tabelle 8   Konfiguration INTx

Die Interrupt Enable Bits befinden sich im Register EIMSK - die Interrupt Flags im Register EIFR.

Bit	7	6	5	4	3	2	1	0	
0x1D (0x3D)	-	-	-	-	-	-	INT1	INT0	EIMSK
Read/Write	R	R	R	R	R	R	R/W	R/W	
Initialwert	0	0	0	0	0	0	0	0	

Bit	7	6	5	4	3	2	1	0	
0x1C (0x3C)	-	-	-	-	-	-	INTF1	INTF0	EIFR
Read/Write	R	R	R	R	R	R	R/W	R/W	
Initialwert	0	0	0	0	0	0	0	0	

6.4.2 Programmbeispiel zu den Interrupts INTx

Für die Behandlung der Interrupts INT0 und INT1 gibt es im Arduino Sprachumfang bereits die Funktionen *attachInterrupt(interrupt, function, mode)* und *detachInterrupt(interrupt, function, mode)*, die das Registerhandling verbergen.

Im Programmbeispiel ExternalInterrupt.pde (Listing 20) wird die serielle Datenausgabe durch die beiden Interrupts gesteuert.

```
//
// Title    : External Interrupt
// Author   : Claus Kuehnel
// Date     : 2011-01-29
// Id       : ExternalInterrupt.pde
// Version  : 0022
// based on :
//
// DISCLAIMER:
// The author is in no way responsible for any problems or damage caused by
// using this code. Use at your own risk.
//
// LICENSE:
// This code is distributed under the GNU Public License
// which can be found at http://www.gnu.org/licenses/gpl.txt
//
// ----------------------------------------------------------------
//
const int pLED = 13;          // LED at Pin13
const int pINT0 = 2;          // INT0 at Pin2
const int pINT1 = 3;          // INT1 at Pin3

volatile boolean iflag = true;

int idx;

void setup()
{
  Serial.begin(19200);
  pinMode(pLED, OUTPUT);

  pinMode(pINT0, INPUT);
  digitalWrite(pINT0, HIGH);    // Pullup active

  pinMode(pINT1, INPUT);
  digitalWrite(pINT1, HIGH);    // Pullup active

  attachInterrupt(0, stop_serial, FALLING);   // INT0 stops serial output
  Serial.print("EICRA: "); Serial.println(EICRA, HEX);
  attachInterrupt(1, resume_serial, FALLING); // INT1 resumes serial output
  Serial.print("EICRA: "); Serial.println(EICRA, HEX);
  Serial.println("Setup finished.");
}
```

```
void loop()
{
  if (iflag) Serial.println(idx);   // iflag controls serial output
  idx++;
  delay(500);
}

void stop_serial()
{
  iflag = false;
  digitalWrite(pLED, HIGH);
}

void resume_serial()
{
  iflag = true;
  digitalWrite(pLED, LOW);
}
```

Listing 20 Quelltext ExternalInterrupt.pde

Die Interrupts INT0 und INT1 sind fest mit den beiden Eingängen PD2 und PD3 des ATmega328 (Arduino 2009: Digital IO 2 und 3) verknüpft. Die betreffenden Pins werden also Konstanten vereinbart.

Im der Routine *setup()* werden diese beiden Pins als Eingang mit PullUp-Widerstand gesetzt. Mit dem Interrupt INT0 wird die Routine *stop_serial()* verknüpft, mit INT1 *resume_serial()*. Durch die Initialisierung ist der Global Interrupt bereits enabled, so dass das hier nicht explizit vorgenommen werden muss.

Das Register EICRA zeigt am Ende des Setups den Wert 0x0A, wodurch beide Eingänge auf eine fallende Flanke hin den entsprechenden Interrupt anfordern.

In der Hauptschleife *loop()* des Programmbeispiels wird ein Index hochgezählt. Die Ausgabe des Indexwertes kann durch INT0 gestoppt und durch INT1 wieder aufgenommen werden. Die angeschlossene LED signalisiert den jeweiligen Zustand.

Abbildung 69 zeigt die Terminalausgaben des Programmbeispiels. Zu Beginn wird die Initialisierung der involvierten Register ausgegeben. Beim Stand des Indexwertes von 4 wurde die Ausgabe unterbrochen. Bei der Fortsetzung der Ausgabe war der Indexwert bereits auf 14 erhöht.

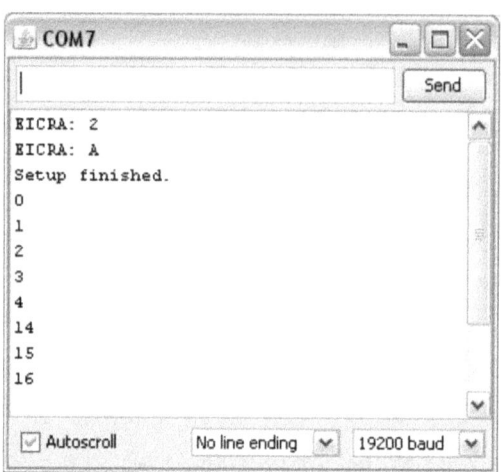

Abbildung 69
Terminalausgabe ExternalInterrupt.pde

6.5 Pin Changed Interrupts PCINTx

Die Interrupts PCIx reagieren auf Änderungen (Pin Changed) der zugeordneten IO Pins. Dem Interrupt PCI2 sind die Eingänge PCINT23 bis PCINT16 zugeordnet. Dem Interrupt PCI1 sind die Eingänge PCINT15 bis PCINT8 zugeordnet und dem Interrupt PCI0 folglich PCINT7 bis PCINT0.

6.5.1 Register für Interrupts PCINTx

Die Steuerung des Interruptverhaltens erfolgt über die Register PCICR und PCMSKx. Die Bits PCIEx sorgen für ein gruppenweises Enable gemäß der oben angegebenen Zuordnung. In den Registern PCMSKx kann dann der einzelne Eingang frei gegeben werden.

Bit	7	6	5	4	3	2	1	0	
(0x68)	-	-	-	-	-	PCIE2	PCIE1	PCIE0	PCICR
Read/Write	R	R	R	R	R	R/W	R/W	R/W	
Initialwert	0	0	0	0	0	0	0	0	

Bit	7	6	5	4	3	2	1	0	
0x1B (0x3B)	-	-	-	-	-	PCIF2	PCIF1	PCIF0	PCIFR
Read/Write	R	R	R	R	R	R/W	R/W	R/W	
Initialwert	0	0	0	0	0	0	0	0	

Bit	7	6	5	4	3	2	1	0	
(0x6D)	PCINT23	PCINT22	PCINT21	PCINT20	PCINT19	PCINT18	PCINT17	PCINT16	PCMSK2
Read/Write	R/W	R/W	R/W	R/W	R/W	R/W	R/W	R/W	
Initialwert	0	0	0	0	0	0	0	0	

Bit	7	6	5	4	3	2	1	0	
(0x6C)	PCINT15	PCINT14	PCINT13	PCINT12	PCINT11	PCINT10	PCINT9	PCINT8	PCMSK1
Read/Write	R/W	R/W	R/W	R/W	R/W	R/W	R/W	R/W	
Initialwert	0	0	0	0	0	0	0	0	

6.5.2 Programmbeispiel zu PCINTx Interrupts

Von der Funktion her ist das Programmbeispiel PCINT.pde praktisch identisch zum vorangegangenen Programmbeispiel. Den Quelltext des Programmbeispiels zeigt Listing 21.

```
//
// Title    : PCINT
// Author   : Claus Kuehnel
// Date     : 2011-01-29
// Id       : PCINT.pde
// Version  : 0022
// based on :
//
// DISCLAIMER:
// The author is in no way responsible for any problems or damage caused by
// using this code. Use at your own risk.
//
// LICENSE:
// This code is distributed under the GNU Public License
// which can be found at http://www.gnu.org/licenses/gpl.txt
//
//-------------------------------------------------------------------
//
// Definition of interrupt names
#include <avr/io.h>
// ISR interrupt service routine
#include <avr/interrupt.h>

const int pLED = 13;        // LED at Pin13
const int pPCINT8 = A0;     // PCINT8 at Analog In 0
const int pPCINT9 = A1;     // PCINT9 at Analog In 1
```

```
volatile boolean iflag = true;

int idx;

// Install the interrupt routine for PCINT
ISR(PCINT1_vect)
{
  if ( !(PINC & (1<<PINC0)) )    // Detects Change at Analog In 0
  {
    iflag = false;
    digitalWrite(pLED, HIGH);
  }
  if ( !(PINC & (1<<PINC1)) )    // Detects Change at Analog In 1
  {
    iflag = true;
    digitalWrite(pLED, LOW);
  }
}

void setup()
{
  Serial.begin(19200);
  pinMode(pLED, OUTPUT);
  digitalWrite(pLED, LOW);

  pinMode(pPCINT8, INPUT);
  digitalWrite(pPCINT8, HIGH);         // Pullup active

  pinMode(pPCINT9, INPUT);
  digitalWrite(pPCINT9, HIGH);         // Pullup active

  PCICR = 1<<PCIE1;                    // PCINT8 - PCINT15 enabled
  Serial.print("PCICR: "); Serial.println(PCICR, HEX);
  PCMSK1 |= (1<<PCINT8);     //  tell pin change mask to listen to Analog In 0
  Serial.print("PCMSK1: "); Serial.println(PCMSK1, HEX);
  PCMSK1 |= (1<<PCINT9);     //  tell pin change mask to listen to Analog In 0
  Serial.print("PCMSK1: "); Serial.println(PCMSK1, HEX);
  sei();
  Serial.println("Setup finished.");
}

void loop()
{
  if (iflag) Serial.println(idx);   // iflag controls serial output
  idx++;
  delay(500);
}
```

Listing 21   Quelltext PCINT.pde

Die Eingänge PC0 (PCINT8) und PC1 (PCINT9) des ATmega328 (Arduino 2009: Analog In 0 und 1) beeinflussen über die zugehörigen Interrupts die Terminalausgabe der Hauptschleife.

Beide Pins werden als Eingang mit aktivem PullUp-Widerstand initialisiert. Beide Eingänge lösen eine Interruptanforderung von PCI1 aus, weshalb diese Gruppe enabled werden muss. Außerdem sind die betreffenden Bits in der Interruptmaske zu setzen.

Die Interrupt Service Routine wird in beiden Fällen angesprungen, deshalb ist in der ISR der Eingang abzufragen, der den Interrupt angefordert hat. Entsprechend werden auch das *iflag* und die LED gesetzt.

In der Hauptschleife des Programmbeispiels wird wiederum ein Index hochgezählt. Die Ausgabe des Indexwertes kann durch PCINT8 gestoppt und durch PCINT9 wieder aufgenommen werden. Die angeschlossene LED signalisiert den jeweiligen Zustand.

Abbildung 70 zeigt die Terminalausgaben des Programmbeispiels. Zu Beginn wird die Initialisierung der involvierten Register ausgegeben. Beim Stand des Indexwertes von 4 wurde die Ausgabe unterbrochen. Bei der Fortsetzung der Ausgabe war der Indexwert bereits auf 14 erhöht.

Abbildung 70   Terminalausgabe

6.6   Timerinterupts

Der ATmega328 weist drei Timer/Counter auf, die beim Arduino 2009 zur Erzeugung von PWM-Ausgangssignalen verwendet werden. Timer0 und Timer2 sind 8-Bit Timer/Counter. Timer1 ist ein 16-Bit Timer/Counter.

Von Timer0 werden verschiedene Zeiten abgeleitet, die z.B. für Warteschleifen, wie *delay()*, verwendet werden. Seine Funktion wird hier nicht angetastet.

Kann man auf PWM in seiner Anwendung verzichten, dann können die anderen Timer/Counter auch für weitere Zwecke eingesetzt werden.

In den folgenden Abschnitten werden wir Timer1 und Timer2 für Timerinterrupts zur Bildung einer Zeitbasis verwenden.

Tabelle 9 zeigt die maximale Timerperiode und die Auflösung für beide Timer bei einer Taktfrequenz von 16 MHz, wie sie beim Arduino 2009 zum Einsatz kommt.

Takterzeugung mit Timer2 bei 16 Mhz							
Prescaler	1	8	32	64	128	256	1024
Mix. Timerperiode in ms	0.016	0.128	0.512	1.024	2.048	4.096	16.384
Auflösung in ms	0.063	0.500	2.000	4.000	8.000	16.000	64.000
Takterzeugung mit Timer1 bei 16 Mhz							
Prescaler	1	8	32	64	128	256	1024
Mix. Timerperiode in ms	4.098	32.784	131.136	262.272	524.544	1049.088	4196.352
Auflösung in ms	0.063	0.500	2.000	4.000	8.000	16.000	64.000

Tabelle 9 Takterzeugung mit Timer1 und Timer2

Grundsätzlich gilt für beide Timer die Funktion

$$Count = \frac{(f_{CLK} * T)}{Prescaler}$$

wobei sich der Zählbereich für Timer2 auf 0...255 und für Timer1 auf 0...65537 beschränkt.

6.6.1 Register für Timer2

Timer2 kann drei verschiedene Interrupts erzeugen. Im Register TIMSK2 können die beiden Output Compare Match Interrupts über die Bits OCIE2B und OCIE2A sowie der Timer Overflow Interrupt über das Bit TOIE2 freigegeben werden.

Bit	7	6	5	4	3	2	1	0	
(0xB1)	-	-	-	-	-	OCIE2B	OCIE2A	TOIE2	TIMSK2
Read/Write	r	r	R	R	R	R/W	R/W	R/W	
Initialwert	0	0	0	0	0	0	0	0	

Bei den Output Compare Match Interrupts erfolgt die Interruptanforderung, wenn das Timer Register TCNT2 den Wert des Registers OCR2A bzw. OCR2B erreicht hat. Der Timer Overflow Interrupt erfolgt beim Überlauf des Registers von 0xFF auf 0.

Über die Register TCCR2A und TCCR2B erfolgt die Konfiguration von Timer2 gemäß der Tabellen 10 bis 12.

Bit (0xB0)	7	6	5	4	3	2	1	0	
	COM2A1	COM2A0	COM2B1	COM2B0	-	-	WGM21	WGM20	TCCR2A
Read/Write	R/W	R/W	R/W	R/W	R	R	R/W	R/W	
Initialwert	0	0	0	0	0	0	0	0	

Bit (0xB1)	7	6	5	4	3	2	1	0	
	FOC2A	FOC2B	-	-	WGM22	CS22	CS21	CS20	TCCR2B
Read/Write	W	W	R	R	R/W	R/W	R/W	R/W	
Initialwert	0	0	0	0	0	0	0	0	

COM2x1	COM2x0	Funktion
0	0	Normale Portfunktion, OC2x vom Pin getrennt
0	1	Toggle OC2x beim Output Compare Match Interrupt
1	0	Zurücksetzen von OC2x beim Output Compare Match Interrupt
1	1	Setzen von OC2x beim Output Compare Match Interrupt

Tabelle 10 Konfiguration von Ausgang OC2A bzw. OC2B

CS22	CS21	CS20	Funktion
0	0	0	Timer/Counter gestoppt
0	0	1	Prescaler = 1
0	1	0	Prescaler = 8
0	1	1	Prescaler = 32
1	0	0	Prescaler = 64
1	0	1	Prescaler = 128
1	1	0	Prescaler = 256
1	1	1	Prescaler = 1024

Tabelle 11 Auswahl des Prescalers

WGM22	WGM21	WGM20	Mode	TOP
0	0	0	Normal Mode	0xFF
0	1	0	CTC Mode	OCR2A

Tabelle 12 Einstellung der Betriebsart (Mode) - Auszug

6.6.2 Register für Timer1

Timer1 kann vier verschiedene Interrupts erzeugen. Im Register TIMSK1 können die beiden Output Compare Match Interrupts über die Bits OCIE1B und OCIE1A, der Timer Overflow Interrupt über das Bit TOIE1 und der Input Capture Interrupt über das Bit ICIE1 freigegeben werden. Der Input Capture Interrupt wird hier nicht weiter betrachtet.

Bit	7	6	5	4	3	2	1	0	
(0x6F)	-	-	ICIE1	-	-	OCIE1B	OCIE1A	TOIE1	TIMSK1
Read/Write	R	R	R/W	R	R	R/W	R/W	R/W	
Initialwert	0	0	0	0	0	0	0	0	

Bei den Output Compare Match Interrupts erfolgt die Interruptanforderung, wenn das Timer Register TCNT1 den Wert des Registers OCR1A bzw. OCR1B erreicht hat. Der Timer Overflow Interrupt erfolgt beim Überlauf des Registers von 0xFFFF auf 0.

Da es sich bei Timer1 um einen 16-Bit Timer/Counter handelt sind auch die Register OCR1A und OCR1B 16-Bit Register.

Über die Register TCCR1A und TCCR1B erfolgt die Konfiguration von Timer1 gemäß der Tabellen 13 bis 15.

Bit	7	6	5	4	3	2	1	0	
(0x80)	COM1A1	COM1A0	COM1B1	COM1B0	-	-	WGM11	WGM10	TCCR1A
Read/Write	R/W	R/W	R/W	R/W	R	R	R/W	R/W	
Initialwert	0	0	0	0	0	0	0	0	

Bit	7	6	5	4	3	2	1	0	
(0x81)	ICNC1	ICES1	-	WGM13	WGM12	CS12	CS11	CS10	TCCR2B
Read/Write	W	W	R	R	R/W	R/W	R/W	R/W	
Initialwert	0	0	0	0	0	0	0	0	

COM1x1	COM1x0	Funktion
0	0	Normale Portfunktion, OC1x vom Pin getrennt
0	1	Toggle OC1x beim Output Compare Match Interrupt
1	0	Zurücksetzen von OC1x beim Output Compare Match Interrupt
1	1	Setzen von OC1x beim Output Compare Match Interrupt

Tabelle 13 Konfiguration von Ausgang OC1A bzw. OC1B

CS12	CS11	CS10	Funktion
0	0	0	Timer/Counter gestoppt
0	0	1	Prescaler = 1
0	1	0	Prescaler = 8
0	1	1	Prescaler = 64
1	0	0	Prescaler = 256
1	0	1	Prescaler = 1024
1	1	0	Externer Takt an T1 (fallende Flanke)
1	1	1	Externer Takt an T1 (steigende Flanke)

Tabelle 14 Auswahl von Prescalers oder externerm Takt

WGM13	WGM12	WGM11	WGM10	Mode	TOP
0	0	0	0	Normal Mode	0xFFFF
0	1	0	0	CTC Mode	OCR1A

Tabelle 15 Einstellung der Betriebsart (Mode) - Auszug

6.6.3 Programmbeispiel zu Timer2

Im folgenden Programmbeispiel soll Timer2 einen Takt von 10 ms erzeugen.

Aus Tabelle 9 kann für den Timer2 ein Prescaler von 1024 für eine maximale Timerperiode von ca. 16 ms entnommen werden. Nach 156 Takten ist dann die Zeit von 10 ms erreicht.

Betreibt man Timer2 im CTC Mode und lädt das Output Compare Register mit einem Wert von 0x9C (= 156), dann erhält man nach 10 ms eine Interruptanforderung.

Listing 22 zeigt den Quelltext des Programmbeispiels msecTimer.pde. In der Interrupt Service Routine wird nur die Variable *count* hochgezählt. Die Auswertung der Variablen *count* erfolgt in der Hauptschleife.

In der Routine *setup()* erfolgt die Initialisierung der Register von Timer2 gemäß den bereits behandelten Vorgaben.

In der Hauptschleife *loop()* erfolgt die Abfrage der Variablen *count*. Hat diese nach 500 ms den Wert 50 erreicht, dann wird am Terminal ein Zeichen ausgegeben und die LED getoggelt. Das Blinken im Sekundentakt (2 x 500 ms) dient als Indikator für die erwartete Funktion. Abbildung 71 zeigt die Terminalausgabe des Programmbeispiels msecTimer.pde.

```
//
// Title    : msecTimer
// Author   : Claus Kuehnel
// Date     : 2011-01-30
// Id       : msecTimer.pde
// Version  : 0022
// based on :
//
// DISCLAIMER:
// The author is in no way responsible for any problems or damage caused by
// using this code. Use at your own risk.
//
// LICENSE:
// This code is distributed under the GNU Public License
// which can be found at http://www.gnu.org/licenses/gpl.txt
//
// ------------------------------------------------------------------
//
// Definition of interrupt names
#include <avr/io.h>
// ISR interrupt service routine
#include <avr/interrupt.h>

const int pLED = 13;        // LED at Pin13
volatile byte count;

// Install the interrupt routine for Timer2 CompareA
ISR(TIMER2_COMPA_vect)
{
  count++;
}

void setup()
{
  byte reload = 0x9C; // reload value for 10 ms timer0 interrupt

  Serial.begin(19200);
  pinMode(pLED, OUTPUT);
  digitalWrite(pLED, LOW);

  TCCR0B = 0;           // stop timer0

  OCR2A = reload;
  Serial.print("OCR2A: "); Serial.println(OCR2A, HEX);
  TCCR2A = 1<<WGM21;
  Serial.print("TCCR2A: "); Serial.println(TCCR2A, HEX);
```

```
    TCCR2B = (1<<CS22) | (1<<CS21) | (1<<CS20);
    Serial.print("TCCR2B: "); Serial.println(TCCR2B, HEX);
    TIMSK2 = (1<<OCIE2A);
    Serial.print("TIMSK2: "); Serial.println(TIMSK2, HEX);
    sei();
    Serial.println("Setup finished.");
}

void loop()
{
    if (count == 50)
    {
        flash();
        Serial.print(".");
        count = 0;
    }
}

void flash()
{
    static boolean output = HIGH;

    digitalWrite(pLED, output);
    output = !output;
}
```

Listing 22   Quelltext msecTimer.pde

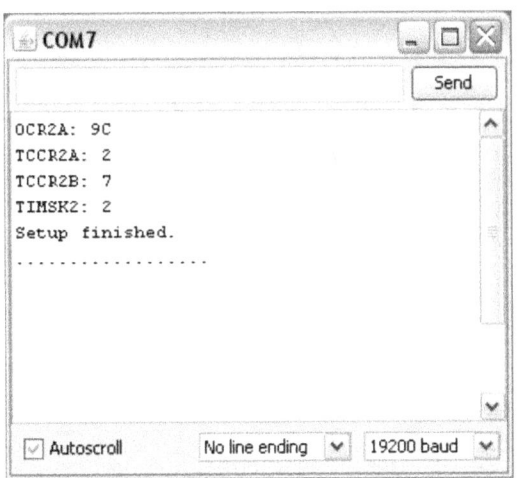

Abbildung 71   Terminalausgabe msecTimer.pde

6.6.4 Programmbeispiel zu Timer1

Im folgenden Programmbeispiel soll Timer1 einen Takt von einer Sekunde erzeugen.

Aus Tabelle 9 kann für den Timer1 ein Prescaler von 256 für eine maximale Timerperiode von ca. 1050 ms entnommen werden. Nach 62500 Takten ist die Zeit von 1 s erreicht.

Betreibt man Timer1 im CTC Mode und lädt das Output Compare Register mit einem Wert von 0xF424 (= 62500), dann erhält man nach 1 s eine Interruptanforderung.

Listing 23 zeigt den Quelltext des Programmbeispiels SecTimer.pde. In der Interrupt Service Routine wird hier die Variable *count* inkrementiert und die LED getoggelt.

In der Routine *setup()* erfolgt die Initialisierung der Register von Timer1 gemäß den bereits behandelten Vorgaben.

In der Hauptschleife *loop()* erfolgt im Abstand von jeweils 200 ms die Ausgabe der Variablen *count*. Nach fünf Ausgaben des gleichen Wertes der Variablen *count* (5 x 200 ms) wird durch die ISR deren Wert erhöht. Das Blinken im Zwei-Sekunden-Takt (2 x 1 s) dient als Indikator für die erwartete Funktion. Abbildung 72 zeigt die Terminalausgabe des Programmbeispiels SecTimer.pde.

```
//
// Title    : SecTimer
// Author   : Claus Kuehnel
// Date     : 2011-02-13
// Id       : SecTimer.pde
// Version  : 0022
// based on :
//
// DISCLAIMER:
// The author is in no way responsible for any problems or damage caused by
// using this code. Use at your own risk.
//
// LICENSE:
// This code is distributed under the GNU Public License
// which can be found at http://www.gnu.org/licenses/gpl.txt
//
//---------------------------------------------------------------
//
// Definition of interrupt names
#include <avr/io.h>
// ISR interrupt service routine
#include <avr/interrupt.h>

const int pLED = 13;               // LED at Pin13
unsigned int reload = 0xF424;      // OCR1A Reload for one second@16 MHz clock & prescaler 256
volatile int count;
```

```
// Install the interrupt routine for Timer1 CompareA
ISR(TIMER1_COMPA_vect)
{
  count++;
  flash();
}

void setup()
{
  Serial.begin(19200);
  pinMode(pLED, OUTPUT);
  digitalWrite(pLED, LOW);

  cli();
  TCCR1A = 0;
  TCCR1B = 0;                          // Stop Timer1
  OCR1A = reload;
  TCCR1B = (1<<WGM12) | (1<<CS12);     // CTC Mode Prescaler = 256
  TIMSK1 = (1<<OCIE1A);                // Timer1 CompareA Interrupt enable
  sei();                               // Global Interrupt enable

  Serial.print("OCR1A: ");  Serial.println(OCR1A, HEX);
  Serial.print("TCCR1A: "); Serial.println(TCCR1A, HEX);
  Serial.print("TCCR1B: "); Serial.println(TCCR1B, HEX);
  Serial.print("TIMSK1: "); Serial.println(TIMSK1, HEX);
  Serial.println("Setup finished.");
}

void loop()
{
  Serial.println(count);               // do anything
  delay(200);
}

void flash()
{
  static boolean output = HIGH;

  digitalWrite(pLED, output);
  output = !output;
}
```
Listing 23 Quelltext SecTimer.pde

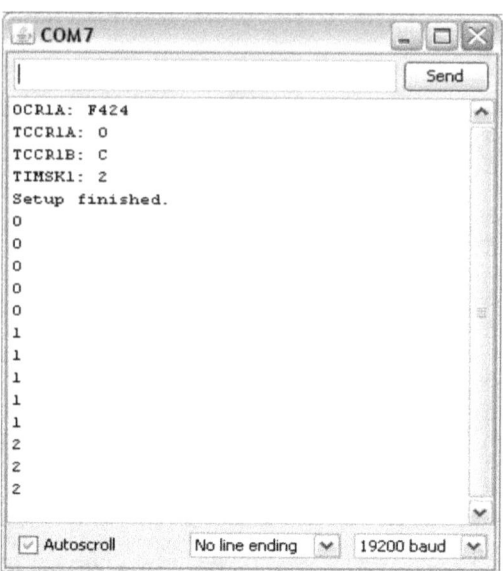

Abbildung 72   Terminalausgabe SecTimer.pde

6.7 Watchdog

Ein Watchdog verhindert nach einem Programmabsturz den Totalausfall eines Mikrocontrollers in dem eine Systemreset oder eine andere Funktion aufgerufen wird.

Die Anwendungssoftware hat vor Ablauf einer bestimmten Zeit den als Timer laufenden Watchdog zurück zu setzen. Ist sie im Fall eines Fehlers dazu nicht in der Lage, dann wird die dem Watchdog zugeordnete Funktion ausgelöst.

Der Watchdog im ATmega328 kann sowohl einen Reset als auch einen Watchdog Interrupt auslösen. Gerade durch letztere Möglichkeit kann der Watchdog hier auch andere Funktionen, wie die eines Systemtimers, ausüben.

Der Watchdog wird von einem separaten On-Chip Oszillator getaktet. Durch einen Prescaler können Time-Outs von 16 ms bis zu 8 s eingestellt werden. Die vom On-Chip Oszillator erzeugte Taktfrequenz ist temperatur- und betriebsspannungsabhängig, so dass die Erwartungen an deren Konstanz in Grenzen bleiben müssen. Für zeitlich präzise Aufgaben ist der Watchdog deshalb weniger geeignet.

Abbildung 73 zeigt das Blockschema des Watchdogs im ATmega328 und die betreffenden Einstellmöglichkeiten.

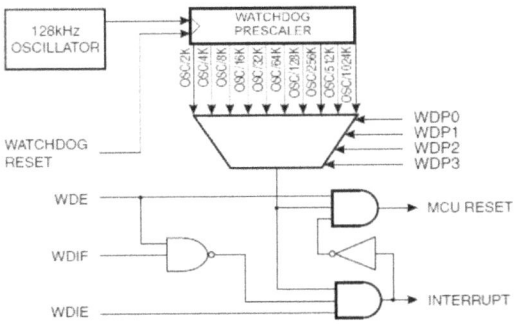

Abbildung 73 Blockschema Watchdog ATmega328

6.7.1 Watchdog Register

Der Watchdog wird durch das Register WDTCSR gesteuert. Die Bits WDP3-WDP0 legen den Time-Out gemäß Tabelle 16 fest. Die Konfiguration des Watchdog erfolgt gemäß Tabelle 17.

Bit	7	6	5	4	3	2	1	0	
(0x60)	WDIF	WDIE	WDP3	WDCE	WDE	WDP2	WDP11	WDP0	WDTCSR
Read/Write	R	R/W	R/W	R/W	R/W	R/W	R/W	R/W	
Initialwert	0	0	0	0	0	0	0	0	

WDP3	WDP2	WDP1	WDP0	Watchdog Oscillator Cycles	Time-Out
0	0	0	0	2 K	16 ms
0	0	0	1	4 K	32 ms
0	0	1	0	8 K	64 ms
0	0	1	1	16 K	0.125 s
0	1	0	0	32 K	0.250 s
0	1	0	1	64 K	0.5 s
0	1	1	0	128 K	1 s
0	1	1	1	256 K	2 s
1	0	0	0	512 K	4 s
1	0	0	1	1024 K	8 s

Tabelle 16 Watchdog Time-Out Perioden

WDTON Fuse	WDE	WDIE	Mode	Aktion
1	0	0	Stopp	keine
1	0	1	Interrupt	Interrupt
1	1	0	System Reset	System Reset
1	1	1	Interrupt & System Reset	Interrupt -> System Reset
0	x	x	System Reset	System Reset

Tabelle 17 Watchdog Konfiguration

6.7.2 Programmbeispiel Watchdog Interrupt

Im Programmbeispiel Watchdog.pde (Listing 24) löst der Watchdog einen Interrupt aus, der die angeschlossene LED toggelt. Der Watchdog Reset, der vor Ablauf der eingestellten Watchdog Periode vom Programm aus erfolgen muss, wird durch das Makro *wdt_reset()* als Inline Assembler Anweisung definiert. In der Setup Routine *setup()* wird das Watchdog Register WDTCSR so initialisiert, dass sich eine Watchdog Periode von ca. 1 s ergibt.

In der Hauptschleife wird wieder nur ein Index hochgezählt und ausgegeben, bevor eine Wartezeitschleife *delay(1500)* abgearbeitet wird. Da durch diese Wartezeit innerhalb der Watchdog Periode kein Watchdog Reset erfolgen kann, bewirkt der zugehörige Interrupt das Toggeln der LED. Wird diese Zeit auf einen Wert unter 1 s reduziert (z.B. *delay(500)*), dann erfolgt ein Reset des Watchdogs vor Ablauf der Watchdog Periode und der Zustand der LED bleibt

unverändert. Abbildung 74 zeigt die Terminalausgaben des Programmbeispiels
Watchdog.pde.

```
//
// Title     : Watchdog
// Author    : Claus Kuehnel
// Date      : 2011-01-30
// Id        : WatchDog.pde
// Version   : 0022
// based on  :
//
// DISCLAIMER:
// The author is in no way responsible for any problems or damage caused by
// using this code. Use at your own risk.
//
// LICENSE:
// This code is distributed under the GNU Public License
// which can be found at http://www.gnu.org/licenses/gpl.txt
//
// -----------------------------------------------------------------
//
// Definition of interrupt names
#include <avr/io.h>
// ISR interrupt service routine
#include <avr/interrupt.h>

#define wdt_reset()    __asm__ __volatile__ ("wdr")

const int pLED = 13;            // LED at Pin13

int idx;

// Install the interrupt routine for Watchdog Interrupt
ISR(WDT_vect)
{
  flash();
}

void setup()
{
  Serial.begin(19200);
  pinMode(pLED, OUTPUT);
  digitalWrite(pLED, LOW);

  cli();
  wdt_reset();
  WDTCSR |= (1<<WDCE) | (1<<WDE);           // Start timed sequence
  WDTCSR = (1<<WDIE) | (1<<WDP2) | (1<<WDP1); // Set new prescaler = 128K cycles (~1 s)
  sei();

  Serial.print("WDTCSR: "); Serial.println(WDTCSR, HEX);
  Serial.println("Setup finished.");
}
```

```
void loop()
{
  Serial.println(idx++);   // do anything
  delay(1500);      // change argument to 1500 -> watchdog will be active
  wdt_reset();
}

void flash()
{
  static boolean output = HIGH;

  digitalWrite(pLED, output);
  output = !output;
}
```
Listing 24 Quelltext Watchdog.pde

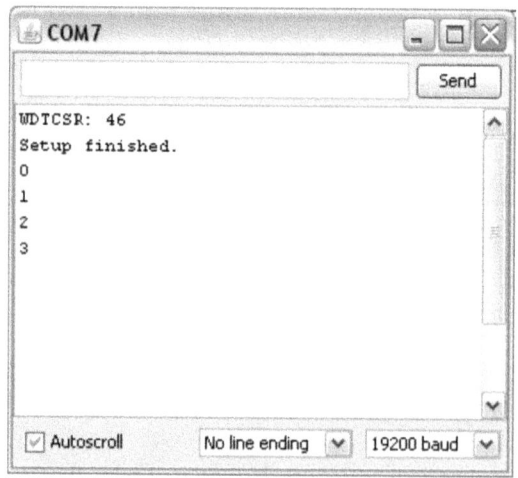

Abbildung 74 Terminalausgabe **Watchdog.pde**

6.8 Analog Comparator

Der Analog Comparator vergleicht die Spannungswerte an den Pins PD6 und PD7 (Arduino 2009: Digital IO 6 und 7). Ist die Spannung an PD6 höher als an PD7, dann wird der Ausgang des Comparators gesetzt. Dieser Ausgang kann zur Anforderung eines Interrupts eingesetzt werden. Abbildung 75 zeigt ein Blockschema des Analog Comparators und der diesen umgebenden Schaltungsteile.

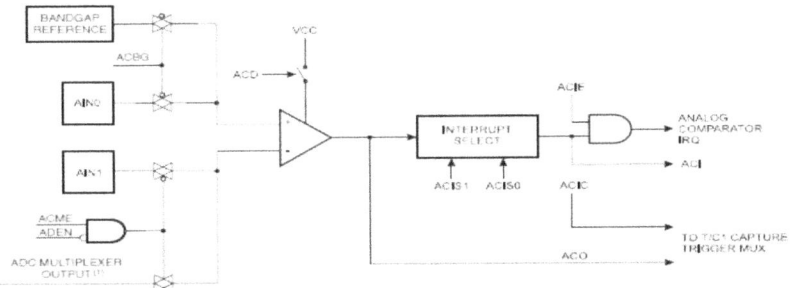

Abbildung 75 Analog Comparator Blockschema

6.8.1 Register für den Analog Comparator

Die Steuerung des Analog Comparators wird im wesentlichen durch das Register ACSR besorgt. Ist das Bit ACME in Register ADCSRB zurückgesetzt, dann wird AIN1 an den Komparator (A-) geschaltet. Das gleiche gilt, wenn ACME in Register ADCSRB und ADEN in ACSR gesetzt sind. Ist ACME gesetzt und ADEN zurückgesetzt, dann wird je nach Belegung der MUX Bits ein ADC-Kanal an den Komparator geschaltet.

Bit	7	6	5	4	3	2	1	0	
(0x7B)	-	ACME	-	-	-	ADTS2	ADTS1	ADTS0	ADCSRB
Read/Write	R	R/W	R	R	R	R/W	R/W	R/W	
Initialwert	0	0	0	0	0	0	0	0	

Bit	7	6	5	4	3	2	1	0	
0x30 (0x50)	ACD	ACBG	ACO	ACI	ACIE	ACIC	ACIS1	ACIS0	ACSR
Read/Write	R/W	R/W	R	R/W	R/W	R/W	R/W	R/W	
Initialwert	0	0	n/a	0	0	0	0	0	

Über das Bit ACD kann der Komparator ausgeschaltet und mit ACBG die Bandgap Referenz an den Komparator (A+) durchgeschaltet werden. Die Bits ACIE und ACIC enablen den Interrupt bzw. das Input Capture. Die Interrupt Konfiguration erfolgt über die Bits ACIS1 und ACIS0 gemäß Tabelle 18.

ACIS1	ACIS0	Interrupt Mode
0	0	Comparator Interrupt bei Änderung (Toggle) an ACO
0	1	Reserviert
1	0	Comparator Interrupt bei fallender Flanke an ACO
1	1	Comparator Interrupt bei steigender Flanke an ACO

Tabelle 18 Interrupt **Konfiguration**

6.8.2 Programmbeispiel Analog Comparator

Im Programmbeispiel ACOMP.pde (Listing 25) löst der Analog Comparator einen Interrupt aus, der je nach Status des Comparator Ausgangs ACO das Flag *iflag* setzt und die angeschlossene LED ein- bzw. ausschaltet.

In der Setup Routine *setup()* wird der Analog Comparator so initialisiert, dass am Eingang A+ die Bandgap Referenz anliegt und der Eingang A- mit AIN1 verbunden ist.

In der Hauptschleife *loop()* des Programmbeispiels wird wiederum ein Index hochgezählt. Die Ausgabe des Indexwertes kann durch den Pegel am Pin AIN1 gestoppt bzw. wieder aufgenommen werden. Die angeschlossene LED signalisiert den jeweiligen Zustand.

Abbildung 76 zeigt die Terminalausgaben des Programmbeispiels. Zu Beginn wird die Initialisierung der involvierten Register ausgegeben. Beim Stand des Indexwertes von 5 wurde die Ausgabe unterbrochen. Bei der Fortsetzung der Ausgabe war der Indexwert bereits auf 20 erhöht.

```
//
// Title     : ACOMP
// Author    : Claus Kuehnel
// Date      : 2011-02-03
// Id        : ACOMP.pde
// Version   : 0022
// based on  :
//
// DISCLAIMER:
// The author is in no way responsible for any problems or damage caused by
// using this code. Use at your own risk.
//
// LICENSE:
// This code is distributed under the GNU Public License
// which can be found at http://www.gnu.org/licenses/gpl.txt
//
//---------------------------------------------------------------
//
// Definition of interrupt names
```

```
#include <avr/io.h>
// ISR interrupt service routine
#include <avr/interrupt.h>

const int pLED = 13;                    // LED at Pin13
const int pAIN1 = 7;                    // AIN1 at Pin7

volatile boolean iflag = true;

int idx;

// Install the interrupt routine for ACOMP
ISR(ANALOG_COMP_vect)
{
  if ( ACSR & (1<<ACO) )      // ACO is set?
  {
    iflag = false;
    digitalWrite(pLED, HIGH);
  }
  else
  {
    iflag = true;
    digitalWrite(pLED, LOW);
  }
}

void setup()
{
  Serial.begin(19200);
  pinMode(pLED, OUTPUT);
  digitalWrite(pLED, LOW);

  pinMode(pAIN1, INPUT);

  cli();
  ADCSRA &= ~(1<<ADEN);                 // ADC disabled
  ADCSRB |= ~(1<<ACME);                 // AMUX enabled
  ACSR = (1<<ACBG) | (1<<ACIE);         // ACOMP Interrupt enabled
  DIDR1 = (1<<AIN1D) | (1<< AIN0D);
  sei();

  Serial.print("ADCSRA: "); Serial.println(ADCSRA, HEX);
  Serial.print("ADCSRB: "); Serial.println(ADCSRB, HEX);
  Serial.print("ACSR: "); Serial.println(ACSR, HEX);
  Serial.print("DIDR1: "); Serial.println(DIDR1, HEX);
  Serial.println("Setup finished.");
}

void loop()
{
  if (iflag) Serial.println(idx);   // iflag controls serial output
  idx++;
  delay(500);
}
```

Listing 25   Quelltext ACOMP.pde

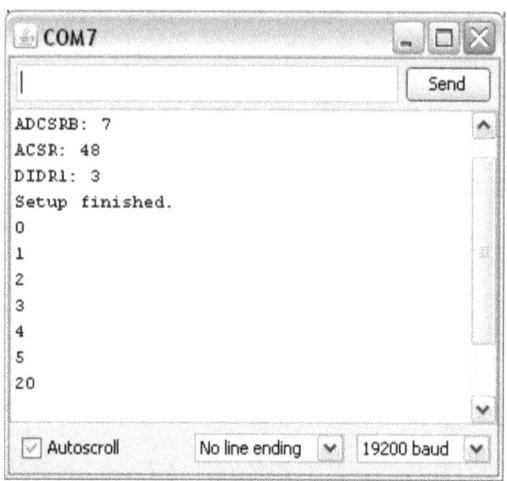

Abbildung 76 Terminalausgabe ACOMP.pde

6.9 Analog/Digital-Umsetzer

Beim ATmega328 steht ein AD-Umsetzer nach dem Verfahren der sukzessiven Approximation mit 10 Bit Auflösung zur Verfügung.

Die analoge Eingangsspannung wird mit der Ausgangsspannung eines DA-Umsetzers verglichen. Die Ausgangsspannung des DA-Umsetzers wird durch die Steuerlogik sowie eine der Referenzspannungen festgelegt. Die Steuerlogik steuert den DA-Umsetzer bitweise an und das Ausgangssignal des Komparators bestimmt, ob das jeweilige Bit im Ausgaberegister gesetzt oder nicht gesetzt wird. Auf diese Weise nähert sich die Ausgangsspannung des DA-Umsetzers sukzessive dem zu erfassenden analogen Spannungswert.

Dieser Spannungswert darf sich während des Umsetzvorgangs nicht ändern, da sonst ein falscher Inhalt des Ausgaberegisters die Folge wäre. Eine dem Komparator vorgeschaltete Sample&Hold-Schaltung erfüllt diese Forderung.

Die erforderliche Umsetzzeit ist unabhängig von der anliegenden Eingangsspannung und richtet sich nur nach der Auflösung des AD-Umsetzers. Ein 10-Bit AD-Umsetzer benötigt genau zehn Umsetzschritte, deren Zeit durch die Taktung des DA-Umsetzers und die Schaltzeit des Komparators bestimmt wird.

Die Eingangsspannung wird über zwei Multiplexer an den Komparator geführt. Für Kalibrationszwecke können zusätzlich die interne Bandgap-Referenzspannung und das Massepotential an den Komparator geführt werden.

Als analoge Referenzspannung kann eine interne Referenzspannung von 1.1 V oder die analoge Betriebsspannung AVCC herangezogen werden.

Der Eingangsspannungsbereich liegt zwischen 0 V (GND) und der Referenzspannung (- 1 LSB).

Abbildung 77 zeigt einen Ausschnitt aus dem Blockschaltbild des AD-Umsetzers.

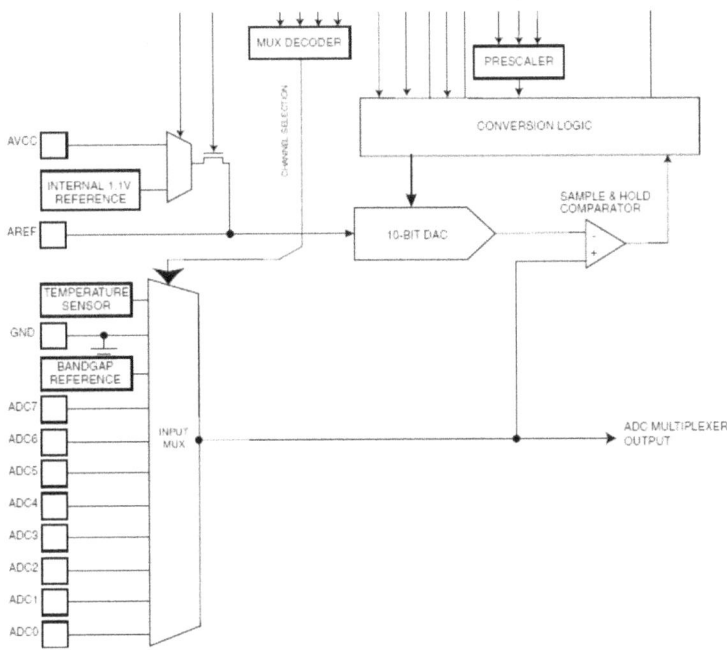

Abbildung 77   Blockschema ADC ATmega328 (Ausschnitt)

6.9.1 Register des AD-Umsetzers

Für die Steuerung der AD-Umsetzung sind die Register ADMUX, ADCSRA und ADCSRB zuständig. Das Ergebnis der AD-Umsetzung steht in den Registern ADCH und ADCL.

Bit	7	6	5	4	3	2	1	0	
(0x7C)	REFS1	REFS0	ADLAR	-	MUX3	MUX2	MUX1	MUX0	ADMUX
Read/Write	R/W	R/W	R	R	R/W	R/W	R/W	R/W	
Initialwert	0	0	0	0	0	0	0	0	

Die Bits REFS1 und REFS0 legen die Referenzspannung fest. Nach einem Reset wird eine externe Referenzspannung am Anschluss AVREF erwartet. Tabelle 19 zeigt die Auswahlmöglichkeiten.

REFS1	REFS0	Referenzspannung
0	0	AREF, Interne Referenz abgeschaltet
0	1	AVCC mit externem Kondensator an Pin AREF
1	0	reserviert
1	1	Interne 1.1 V Referenzspannung mit externem Kondensator an Pin AREF

Tabelle 19 Auswahl der Referenzspannung

Das Bit ADLAR legt fest, ob das Ergebnis der AD-Umsetzung linksbündig (ADLAR=1, xxxxxxxxxx000000) oder rechtsbündig (ADLAR=0, 000000xxxxxxxxxx) im 16-Bit Ergebnis abgelegt wird.

Die Bits MUX3:0 programmieren den Analogmultiplexer. Nach Reset ist Eingang ADC0 aktiv. Tabelle 20 zeigt die Auswahlmöglichkeiten.

MUX3:0	Eingang gegen GND
0000	ADC0
0001	ADC1
0010	ADC2
0011	ADC3
0100	ADC4
0101	ADC5
0110	ADC6
0111	ADC7
1000	Temperatursensor
1110	Bandgap-Referenz 1.1 V
1111	GND 0 V

Tabelle 20 Selektion des Eingangskanals

Bit	7	6	5	4	3	2	1	0	
(0x7A)	ADEN	ADSC	ADATE	ADIF	ADIE	ADPS2	ADPS1	ADPS0	ADCSRA
Read/Write	R/W	R/W	R	R/W	R/W	R/W	R/W	R/W	
Initialwert	0	0	0	0	0	0	0	0	

Das Bit ADEN schaltet den AD-Umsetzer ein. Durch das Setzen von Bit ADSC wird eine AD-Umsetzung gestartet. Das Bit bleibt während der Umsetzung gesetzt und wird nach Ende der Umsetzung durch die Hardware gelöscht.

Das Bit ADATE gibt die im Register ADCSRB einzustellende Autotriggerfunktion frei. ADIF ist das AD-Interruptflag und ADIE das AD-Interrupt Enable Bit.

Die Taktfrequenz der sukzessiven Approximation wird aus der Oszillatorfrequenz abgeleitet und durch einen Prescaler bestimmt, der über die Bits ADPS2:0 eingestellt wird (Tabelle 21). Um die maximale Auflösung zu erreichen ist eine Frequenz zwischen 50 kHz und 200 kHz optimal.

ADSP2	ADSP1	ADSP0	Prescaler
0	0	0	1
0	0	1	2
0	1	0	4
0	1	1	8
1	0	0	16
1	0	1	32
1	1	0	64
1	1	1	128

Tabelle 21 Auswahl des Prescalers für die AD-Umsetzung

Bit	7	6	5	4	3	2	1	0	
(0x7B)	-	ACME	-	-	-	ADTS2	ADTS1	ADTS0	ADCSRB
Read/Write	R	R/W	R	R	R	R/W	R/W	R/W	
Initialwert	0	0	0	0	0	0	0	0	

Die Bits ADTS2:0 legen die Triggerquelle für die AD-Umsetzung fest, wenn das Bit ADATE im Register ADCSR gesetzt ist. Anderenfalls bleiben sie ohne Einfluss (Tabelle 22).

ADTS2	ADTS1	ADTS0	Trigger
0	0	0	Free Running Mode
0	0	1	Analogkomparator
0	1	0	Externer Interrupt INT0
0	1	1	Timer/Counter0 Compare Match A
1	0	0	Timer/Counter0 Overflow
1	0	1	Timer/Counter1 Compare Match B
1	1	0	Timer/Counter1 Overflow
1	1	1	Timer/Counter1 Capture Event

Tabelle 22 Auswahl der Triggerquelle der Autotriggerfunktion

6.9.2 Programmbeispiele zu AD-Umsetzung

Wie die Registerbeschreibung gezeigt hat, lässt der AD-Umsetzer des ATmega328 verschiedene Betriebsarten und unterschiedliche Referenzspannungen zu. Außerdem können durch den Analogmultiplexer die verschiedenen analogen Eingänge an den AD-Umsetzer geführt werden.

Für den Test der unterschiedlichen Betriebsarten habe ich als Eingangsspannung immer die interne Bandgap-Referenz verwendet. Auf diese Weise kennt man das zu erwartende Ergebnis und kann sich auf Konfiguration und Initialisierung konzentrieren.

6.9.2.1. Softwaregetriggerte AD-Umsetzung

Beim Arduino steht für die softwaregetriggerte AD-Umsetzung die Instruktion analogRead(analogPin)zur Verfügung.

Durch die Initialisierung ist der AD-Umsetzer bereits enabled und der Prescaler auf 128 eingestellt. Die Taktfrequenz für die AD-Umsetzung beträgt bei einer Oszillatorfrequenz von 16 MHz dann 125 kHz. Nach 80 µs ist damit eine AD-Umsetzung abgeschlossen. Die Spannung AVCC dient als Referenzspannung.

Da wir uns hier mit den Interruptbetriebsarten befassen, wird diese Art der AD-Umsetzung im Folgenden nicht weiter betrachtet. Eine ausführliche Beschreibung dieser Betriebsart zur AD-Umsetzung ist unter http://arduino.cc/en/Reference/AnalogRead zu finden.

6.9.2.2. Free-Running AD-Umsetzung

Im Free Running Mode wird nach der Beendigung einer AD-Umsetzung automatisch die nächste gestartet.

Also wollen wir den AD-Umsetzer zur Messung der Bandgap-Referenz in den Free Running Mode versetzen.

Über das Register ADMUX werden die Referenzspannung und der Eingangskanal selektiert. Beim Register ADCSRA werden die Bits ADEN, ADATE und ADIE gesetzt, was eine interruptgesteuerte Autotriggerfunktion festlegt. Mit den Bits ADTSx im Register ADCSRB wird die gewünschte Interruptquelle ausgewählt.

Für den Free-Running Mode gelten die Defaultwerte nach Reset (ADTS2:0 = 000), weshalb man sich hierum eigentlich nicht mehr kümmern müsste. Die Interruptquelle ist der Interrupt ADC Conversion Complete, der durch das Interruptflag ADIF signalisiert wird.

Ein erstes Ergebnis liegt mit dem Start der zweiten AD-Umsetzung in den Registern ADCH und ADCL bereit. Die zweite und jede weitere AD-Umsetzung wird durch die Interruptanforderung (ADIF) am Ende der vorangegangenen AD-Umsetzung gestartet. Nur die erste AD-Umsetzung ist wie gehabt durch Setzen des Bits ADS zu starten.

Listing 26 zeigt den Quelltext des Programmbeispiels adc2s.pde.

```
//
// Title    : ADC2s
// Author   : Claus Kuehnel
// Date     : 2011-02-05
// Id       : ADC2s.pde
// Version  : 0022
// based on :
//
// DISCLAIMER:
// The author is in no way responsible for any problems or damage caused by
// using this code. Use at your own risk.
//
// LICENSE:
// This code is distributed under the GNU Public License
// which can be found at http://www.gnu.org/licenses/gpl.txt
//
// -----------------------------------------------------------------
//
// Definition of interrupt names
#include <avr/io.h>
// ISR interrupt service routine
#include <avr/interrupt.h>

#define ADC0 0
#define TEMP 0b1000
#define VBG  0b1110

const int pLED = 13;            // LED at Pin13
const float VACC = 5.12;        // measured on my Arduino

volatile unsigned int ADC_result;
```

```
float voltage;

ISR(ADC_vect)
{
  ADC_result = ADC;
}

void setup()
{
  Serial.begin(19200);
  pinMode(pLED, OUTPUT);
  digitalWrite(pLED, LOW);

  cli();
  ADMUX = (0<<REFS1) | (1<<REFS0);        // AVCC is reference
  ADMUX |= VBG;                            // VBG selected
  ADCSRA |= (1<<ADEN) | (1<<ADATE) | (1<<ADIE);   // ADC enabled, prescaler unchanged
  ADCSRB = 0;                              // Free Running Mode
  ADCSRA |= (1<<ADSC);
  sei();

  Serial.println("ADC Configuration for Free Running Mode");
  Serial.print("ADMUX: "); Serial.println(ADMUX, HEX);
  Serial.print("ADCSRA: "); Serial.println(ADCSRA, HEX);
  Serial.print("ADCSRB: "); Serial.println(ADCSRB, HEX);
  Serial.print("DIDR0: "); Serial.println(DIDR0, HEX);
  delay(1000);
  Serial.println("ADC free running...");
}

void loop()
{
  cli();
  ADC_result = ADC;
  sei();
  Serial.print("ADC: "); Serial.print(ADC_result,HEX);
  voltage = ADC_result* VACC/1024;
  Serial.print("\tVoltage: "); Serial.print(voltage,3);
  Serial.println(" V");
  delay(1000);
}
```

Listing 26   Quelltext ADC2s.pde

Da im Free Running Mode die AD-Umsetzung fortlaufend erfolgt, sorgt die ISR nur für das Abspeichern des Resultats der AD-Umsetzung in der Variablen *ADC_result*.

Die Initialisierung des AD-Umsetzers erfolgt durch direktes Beschreiben der Register ADMUX, ADCSRA und ADCSRB in der Routine *setup()*. Der Start der ersten AD-Umsetzung erfolgt durch das Setzen des Bits ADSC am Ende der Initialisierung.

In der Hauptschleife *loop()* wird schließlich das Ergebnis der letzten AD-Umsetzung durch Abfrage der Variablen *ADC_result* ermittelt und im Sekundentakt als Hexadezimalzahl und berechnetem Spannungswert über die serielle Schnittstelle ausgegeben. Abbildung 78 zeigt die Terminalausgaben des Programms ADC2s.pde.

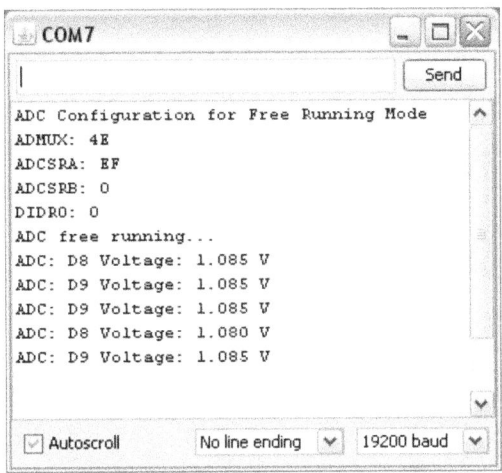

Abbildung 78   Terminalausgabe ADC2s.pde

6.9.2.3. Timmergetriggerte AD-Umsetzung

In vielen Anwendungen der Messwerterfassung ist eine zeitlich äquidistante Abtastung gefordert. Mit der Autotriggerfunktion des hier betrachteten AD-Umsetzers sind dafür alle Möglichkeiten gegeben.

Im folgenden Programmbeispiel soll der AD-Umsetzer Messwerte exakt im Sekundentakt erfassen.

Um einen Sekundentakt zu erzeugen, muss der 16-Bit Timer1 eingesetzt werden. Der Zählbereich von Timer0 umfasst nur 8 Bit und ist damit nicht ausreichend. Gemäß Tabelle 7 kann der Timer/Counter1 Overflow als Triggerereignis dienen.

Der Sekundentakt soll also den AD-Umsetzer triggern. Das Auslesen der Resultate ist nach Ende der Umsetzung möglich. Hier wird der ADC Interrupt verwendet, um ein Flag zu setzen, welches in der Hauptschleife ausgewertet wird. Liegt eine neues Resultat einer AD-Umsetzung vor, dann wird es gelesen und über die serielle Schnittstelle auch ausgegeben.

Anderenfalls werden im Takt vom 100 ms Punkte ausgegeben, die die Aktivität zwischen den Umsetzungen kennzeichnen sollen. Abbildung 79 zeigt die Ausgaben des Programms adc3s.pde.

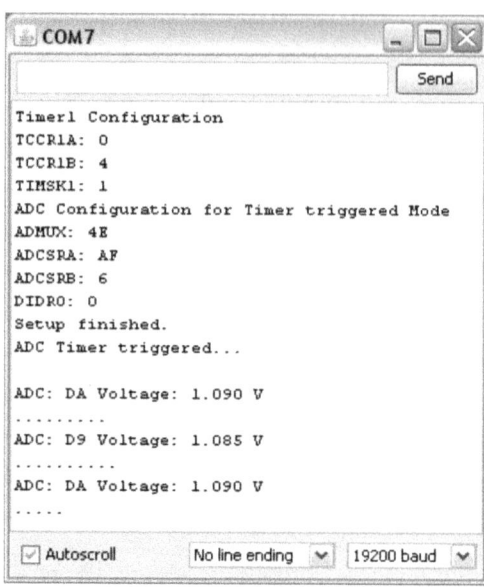

Abbildung 79   Terminalausgabe ADC3s.pde

Das Programm ADC3s.pde ist mit dem Programm ADC2s.pde vergleichbar, nur dass hier mit zwei Interrupt (Timer1 Overflow, ADC) gearbeitet wird. Listing 27 zeigt den Quelltext des Programmbeispiels ADC3s.pde.

```
//
// Title     : ADC3s
// Author    : Claus Kuehnel
// Date      : 2011-02-05
// Id        : ADC3s.pde
// Version   : 0022
// based on  :
//
// DISCLAIMER:
// The author is in no way responsible for any problems or damage caused by
// using this code. Use at your own risk.
//
// LICENSE:
// This code is distributed under the GNU Public License
// which can be found at http://www.gnu.org/licenses/gpl.txt
//
// -----------------------------------------------------------------
//
// Definition of interrupt names
#include <avr/io.h>
// ISR interrupt service routine
```

```c
#include <avr/interrupt.h>

#define ADC0  0
#define TEMP  0b1000
#define VBG   0b1110

const int pLED = 13;              // LED at Pin13
const float VACC = 5.12;          // measured on my Arduino

unsigned int reload = 0xFFFF - 0xF424; // TCNT1 Reload for one second@16 MHz clock & prescaler 256
volatile unsigned int ADC_result;
volatile boolean ADC_flag = false;
float voltage;

// Install the interrupt routine for Timer1 Overflow
ISR(TIMER1_OVF_vect)
{
  TCNT1 = reload;
}

// Install the interrupt routine for ADC Interrupt
ISR(ADC_vect)
{
  ADC_flag = true;
  flash();
}

void setup()
{
  Serial.begin(19200);
  pinMode(pLED, OUTPUT);
  digitalWrite(pLED, LOW);

  cli();
  TCCR1A = 0;
  TCCR1B = 0;                     // Stop Timer1
  TCNT1 = reload;
  TCCR1B = (1<<CS12);             // Normal Mode, Prescaler = 256
  TIMSK1 = (1<<TOIE1);            // Timer1 Overflow Interrupt enable

  ADMUX = (0<<REFS1) | (1<<REFS0); // AVCC is reference
  ADMUX |= VBG;                    // VBG selected
  ADCSRA |= (1<<ADEN) | (1<<ADATE) | (1<<ADIE);  // ADC enabled, prescaler unchanged
  ADCSRB = (1<<ADTS2) | (1<< ADTS1);   // Triggered by Timer/Counter1 Overflow
  ADCSRA |= (1<<ADSC);
  sei();

  Serial.println("Timer1 Configuration");
  Serial.print("TCCR1A: "); Serial.println(TCCR1A, HEX);
  Serial.print("TCCR1B: "); Serial.println(TCCR1B, HEX);
  Serial.print("TIMSK1: "); Serial.println(TIMSK1, HEX);

  Serial.println("ADC Configuration for Timer triggered Mode");
  Serial.print("ADMUX: ");  Serial.println(ADMUX, HEX);
  Serial.print("ADCSRA: "); Serial.println(ADCSRA, HEX);
```

```
    Serial.print("ADCSRB: "); Serial.println(ADCSRB, HEX);
    Serial.print("DIDR0: "); Serial.println(DIDR0, HEX);
    Serial.println("Setup finished.");
    delay(1000);
    Serial.println("ADC Timer triggered...");
}

void loop()
{
    if (ADC_flag)
    {
        cli();
        ADC_result = ADC;
        sei();
        Serial.println();
        Serial.print("ADC: "); Serial.print(ADC_result,HEX);
        voltage = ADC_result* VACC/1024;
        Serial.print("\tVoltage: "); Serial.print(voltage,3); Serial.-
println(" V");
        ADC_flag = false;
    }
    else
    {
        Serial.print(".");
        delay(100);
    }
}

void flash()
{
    static boolean output = HIGH;

    digitalWrite(pLED, output);
    output = !output;
}
```

Listing 27   Quelltext ADC3s.pde

Zur Triggerung der AD-Umsetzung wird hier der Timer1 Overflow Interrupt verwendet. Damit der Overflow genau nach einer Sekunde eintritt, wird das Register TCNT1 mit dem Wert 0x0BDB (= 0xFFFF - 0xF424) vorgeladen. Nach 0xF424 Takten erfolgt dann der Overflow. In der Timer-ISR erfolgt nur das erneute Laden des Reload-Wertes für den nächsten Zyklus.

Der ADC Interrupt setzt nur das *ADC_flag* und toggelt die angeschlossene LED.

Die Initialisierung der Register des AD-Umsetzers unterscheidet sich nur bezüglich der ausgewählten Autotrigger-Interruptquelle.

Die Konfiguration von Timer1 erfolgt ganz konventionell, nur dass das Register TCNT1 mit dem Reload-Wert vorgeladen werden muss.

Nach Freigabe der Interrupts kann die erste AD-Umsetzung gestartet werden und das Programm tritt in die Hauptschleife *loop()* ein.

In dieser Hauptschleife wird das in der ADC-ISR *Adcinterrupt* gesetzte *ADC_flag* abgefragt, um entweder eine neues Resultat einer AD-Umsetzung auszulesen, formatiert über die serielle Schnittstelle auszugeben und das Flag zurückzusetzen oder einen "." auszugeben und anschließend 10 ms zu warten.

6.10 Zusammenfassung

In diesem Abschnitt wurde versucht, etwas hinter die Kulissen der Arduino Umgebung zu blicken. An Hand verschiedener Programmbeispiele mit Interrupts wurde gezeigt, wie auch auf Registerebene auf die Ressourcen des eingesetzten Mikrocontrollers zugegriffen werden kann.

Die Terminalausgaben zeigen hier zu Beginn stets die nach den Initialisierungen zurück gelesenen Werte der Konfigurationsregister. Die vorgenommen Initialisierungen können so einfacher nachvollzogen werden. In einem echten Anwendungsprogramm wird man darauf sicher verzichten.

7. Arduino Software Release Notes

Im hier vorliegenden Text sind Programmbeispiele vorgestellt worden, die über einen längeren Zeitraum und dadurch mit unterschiedlichen Arduino Software Releases (V. 0018 resp. V. 0022) entwickelt worden.

Die hier gelisteten Release Notes wurden von der Webseite http://arduino.cc/en/Main/ReleaseNotes heruntergeladen, um die Unterschiede zu dokumentieren.

ARDUINO 0022 - 2010.12.24

[core / libraries]

* Adding an SD card library based on sdfatlib by Bill Greiman and the MemoryCard library by Philip Lindsay (follower) for SparkFun.
http://arduino.cc/en/Reference/SD

* Added character manipulation macros (from Wiring): isAlphaNumeric(), isAlpha(), isAscii(), isWhitespace(), isControl(), isDigit(), isGraph(), isLowerCase(), isPrintable(), isPunct(), isSpace(), isUpperCase(), isHexadecimalDigit(), toAscii(), toLowerCase(), toLowerCase().
http://code.google.com/p/arduino/issues/detail?id=418

* Added String.toInt() function.

* Refactoring core to use register-based, not CPU-based, #ifdefs. Patch by Mark Sproul.
http://code.google.com/p/arduino/issues/detail?id=307
http://code.google.com/p/arduino/issues/detail?id=315
http://code.google.com/p/arduino/issues/detail?id=316
http://code.google.com/p/arduino/issues/detail?id=323
http://code.google.com/p/arduino/issues/detail?id=324
http://code.google.com/p/arduino/issues/detail?id=340

* Modification of serial baud rate calculation to match bootloader and 8U2 firmware at 57600 baud.
http://code.google.com/p/arduino/issues/detail?id=394

* Fixed bug in tone() function.
http://code.google.com/p/arduino/issues/detail?id=361

* Fixed SPI.setClockDivider() function.
http://code.google.com/p/arduino/issues/detail?id=365

* Fixed EEPROM library on Mega 2560.
http://code.google.com/p/arduino/issues/detail?id=381

* Hardware serial receive interrupt optimization.
http://code.google.com/p/arduino/issues/detail?id=391

* Applying the timeout parameter of pulseIn() during measurement of the pulse, not just while waiting for it.

[environment]

* Fixed problem with copy as html and angle brackets.
http://code.google.com/p/arduino/issues/detail?id=29

* Showing serial port selection dialog if serial port not found on upload.

* Remembering serial monitor window size and line ending selection.
http://code.google.com/p/arduino/issues/detail?id=96
http://code.google.com/p/arduino/issues/detail?id=330

* Replaced oro.jar regular expressions with java.regex ones (patch by Eberhard Fahle and Christian Maglie).
http://code.google.com/p/arduino/issues/detail?id=171

* Building the user sketch before the core or libraries, so errors appear faster. Patch by William Westfield and Paul Stoffregen.
http://code.google.com/p/arduino/issues/detail?id=393

* Setting application icon under Windows.

ARDUINO 0021 - 2010.10.02

* Modifying VID / PID combination in 8U2 firmwares.
* Fixing analogWrite() bug on pins 9 and 10 (Arduino Uno).
* Patched RXTX to include /dev/ttyACM* on Linux.

ARDUINO 0020 - 2010.09.27

* Added support for the Arduino Uno and Arduino Mega 2560.

* Including ATmega8U2 firmware used by Uno and Mega 2560.

* Including source code to optiboot bootloader used by the Uno.

* Including source code to the stk500v2 bootloader used by Mega 2560.

* New application icon (by ToDo).

ARDUINO 0019 - 2010.09.03

[core / libraries]

* Revised Ethernet library (by Christian Maglie). This depends on the new SPI library, so existing sketches will need: #include <SPI.h> added to the top of their code.

* Added an SPI library (by Christian Maglie).
http://code.google.com/p/arduino/issues/detail?id=240

* Added aliases for the analog input pins: A0, A1, etc.
http://code.google.com/p/arduino/issues/detail?id=244

* Added a String class.

* Added a shiftIn() function (from Wiring).
http://code.google.com/p/arduino/issues/detail?id=280

* Updated version of Firmata supports Mega and capability querying.

* More accurate delay() function from BenF.
http://code.google.com/p/arduino/issues/detail?id=237

* Re-enabling PWM after tone() ends.
http://code.google.com/p/arduino/issues/detail?id=228

* Added Serial.peek() method.
http://code.google.com/p/arduino/issues/detail?id=270

* Added Stream base class to Serial object (w/ available(), read() and the write(), print(), and println() functions from the Print class). http://code.google.com/p/arduino/issues/detail?id=60

* Disabling interrupts while digitalWrite() and pinMode() write to pins. http://code.google.com/p/arduino/issues/detail?id=146

* Replacing INTERNAL analog reference with INTERNAL1V1 AND INTERNAL2V56 on
the Arduino Mega. http://code.google.com/p/arduino/issues/detail?id=194

[environment]

* Added Arduino Fio to the boards menu.

* Added Arduino Pro and Pro Mini (5V / 16 MHz) to the boards menu. http://code.google.com/p/arduino/issues/detail?id=81

* Synchronized with the Processing 1.1 code base, bringing various changes.

* Modified the parsing of avr-gcc / avr-g++ output and error messages.

* Toggling RTS on upload for auto-reset with FTDI cables on Linux. http://code.google.com/p/arduino/issues/detail?id=309

* Adding control over scrolling in serial monitor. http://code.google.com/p/arduino/issues/detail?id=97

* Added drop-down for selecting line endings to the serial monitor. http://code.google.com/p/arduino/issues/detail?id=119

* Fixed problem with tabs of the same name but different extensions. http://code.google.com/p/arduino/issues/detail?id=191

* Allowing third-party hardware platforms to reference programmers defined in other platforms. http://code.google.com/p/arduino/issues/detail?id=283

[examples]

* Re-organized and numbered for easier access and better progression.

ARDUINO 0018 - 2010.01.29

[core / libraries]

* Added tone() and noTone() functions for frequency generation.
* Added Serial.end() command.
* Added precision parameter for printing of floats / doubles.
* Incorporated latest version of Firmata.
* Fixed bug w/ disabling use of the RW pin in the LiquidCrystal library.
* No longer disabling interrupts in delayMicroseconds().
* Fixed bug w/ micros() returning incorrect values from within an interrupt.
* Fixed bug that broke use of analog inputs 8-15 on the Mega.

[environment]

* Synchronized with the Processing 1.0.9 code base, bringing various fixes, including to a bug causing saving to fail when closing the last sketch.

* Added support for third-party hardware in the SKETCHBOOK/hardware folder, mirroring the current structure of the hardware folder in Arduino.

* Added Ctrl-Shift-M / Command-Shift-M shortcut for serial monitor.

* Hold down shift when pressing the Verify / Compile or Upload toolbar buttons to generate verbose output (including command lines).

* Moving build (on upload) from the applet/ sub-folder of the sketch to a temporary directory (fixing problems with uploading examples from within the Mac OS X disk image or a Linux application directory).

* Fixed bug the prevented the inclusion of .cpp and .h (or .c and .h) files of the same name in a sketch.

* Improved the Mac OS X disk image (.dmg): added a shortcut to the Applications folder, a background image with arrow, and new FTDI drivers.

8. Referenzen

[1] LM75 Digital Temperature Sensor and Thermal Watchdog with Two-Wire Interface
www.national.com/ds/LM/LM75.pdf

[2] myAVR - Das System zum Lernen und Experimentieren
http://shop.myavr.de/index.php?sp=docs/flyer_myavr.pdf

[3] Wire Library
http://www.arduino.cc/en/Reference/Wire

[4] 8-bit AVR Microcontroller with 4/8/16/32K Bytes In-System Programmable Flash
http://www.atmel.com/dyn/resources/prod_documents/8271.pdf

[5] PCF8591 8-bit A/D and D/A converter
http://www.nxp.com/acrobat_download/datasheets/PCF8591_6.pdf

[6] I^{2}C-Analogkarte
http://www.horter.de/i2c/i2c-analog-u/analog-u_1.html

[7] Enabled 16x2 LCD - White on Black 5V
http://www.sparkfun.com/commerce/product_info.php?products_id=9395

[8] HD44780 Datasheet
http://www.sparkfun.com/datasheets/LCD/HD44780.pdf

[9] Adafruit Data logging shield for Arduino
http://www.ladyada.net/make/logshield/

[10] VT 100
http://de.wikipedia.org/wiki/VT100

[11] VT100 Command Set
http://braun-home.net/michael/info/misc/VT100_commands.htm

[12] PuTTY
http://www.putty.org/

[13] UNIX Timestamp Converter
http://www.gaijin.at/olsutc.php

[14] EM 4102 - Read Only Contactless Identification Device
http://www.emmicroelectronic.com/webfiles/Product/RFID/DS/EM4102_DS.pdf

[15] OEM-SR28e-232, Reader,TTL/RS232 Datasheet
http://www.rss-systems.de/d0a1239be51301b07/d0a123993d0a51b09/d0a12399df0b08205/d0a123993c0721001.htm

[16] Arduino Ethernet Shield von Sparkfun (DEV-09026)
http://www.sparkfun.com/commerce/product_info.php?products_id=9026

[17] Wiznet W5100
http://www.wiznet.co.kr/Sub_Modules/en/product/Product_Detail.asp?cate1=5&cate2=7&cate3=26&pid=1011

[18] Wiznet Ethernet Shield von Seeed
http://www.seeedstudio.com/depot/wiznet-ethernet-s-hield-w5100-p-518.html?cPath=35

[19] Arduino Ethernet-Shield Bausatz für Mega/Duemilanove/Diecimila (NKC)
http://www.watterott.com/de/NKC-Ethernet-Shield

[20] SC Card Library
http://code.google.com/p/sdfatlib/

[21] Arduino Ethernet Library
http://arduino.cc/en/Reference/Ethernet

[22]   Datenblatt SHT21
http://www.sensirion.com/de/pdf/product_information/Datasheet-humidity-sensor-SHT21.pdf

[23]   NVU - Open Source WYSIWYG HTML Editor
http://net2.com/nvu/

[24]   Automatische Weiterleitung zu anderer Adresse (Forwarding)
http://de.selfhtml.org/html/kopfdaten/meta.htm#weiterleitung

[25]   Twitter Library
http://www.arduino.cc/playground/Code/TwitterLibrary

[26]   Base64 Codier-/Decodier-Tool
http://www.patshaping.de/projekte/kleinkram/base64.php

[27]   OAuth
http://de.wikipedia.org/wiki/OAuth

[28]   How to Send Email Using Telnet
http://www.wikihow.com/Send-Email-Using-Telnet

[29]   Email versenden per Telnet
http://www.nerd2nerd.org/services/email/email-versenden-per-telnet

[30]   Interrupt - Beschreibung gemäß Wikipedia
http://de.wikipedia.org/wiki/Interrupt

9. Index

AD-Converter...........43
AD-Umsetzer...........128
AD-Umsetzung...........
    Free Running Mode...........46, 132
    softwaregetriggert...........132
    timmergetriggert...........135
Analog Comparator...........124
Arduino...........
    Clones...........12
    Duemilanove...........11
    im Netzwerk...........79
    MAC Adresse...........80
    Mega 2560...........12
    Software Release...........21
    Software Releases...........140
    Uno...........11
ARDUINO 0018...........144
ARDUINO 0019...........142
ARDUINO 0020...........142
ARDUINO 0021...........141
ARDUINO 0022...........140
Arduino Duemilanove...........
    Anschlüsse...........12
    Schaltbild...........14
Arduino Entwicklungsumgebung...........20
Arduino IDE...........
    Initialisierung...........22
    Überprüfung der Installation...........24
AUTH LOGIN...........98
BASE64...........96
COM-Port...........24
CSV-Files...........66

DS1307...61
EHLO...98
eMail..96
Funktion...
   card.init()...66
   delay()..26, 112, 122
   error(char *str)...66
   file.sync()...67
   flash()..25
   get_data()..66
   getTemperatureLimit()..92
   I2c_read_temperature()..41
   loop()..25
   millis()...82
   randomSeed(analogRead(0))..66
   readSensor()..83
   resume_serial()..107
   root.openRoot(volume)...66
   sendPage()..91
   server.print()...82, 87
   servo1.write(grad)..34
   setup()...25
   stop_serial()..107
   twitter.post(toSend)..94
   volume.init(card)..66
   wdt_reset()..122
   Wire.available()..41
   Wire.begin()..41
   Wire.receive()..41
   Wire.requestFrom(LM75, 2)...41

Global Interrupt Enable...102

GMX..96

HELO..98

HTML-Editor NVU..86

I2C-Analogkarte...51

I2C-Bus..36, 51

I2C-Bus..
   Slaveadresse..41

Interrupt Request...100

Interrupt Service Routine..100

Interrupts..

INT0, INT1...105
PCIx...108
Timer1 Overflow..138
Timerinterrupts..112

Interruptvektor...102

Interruptvektortabelle..103

IRQ...100

ISR...101

LCD..56
Kommandos..58

LED Modul...30

Libraries..
AFMotor..34
Ethernet..81
FAT16...62
SD Card Library..19
SdFat..61
ServoTimer1...34
ShiftBrite...32
SHT21..83
Twitter...93
Wire..40, 85

Link..87

Lizenzen..9

LM75...35
Register..37

Mailserver...96

Meta-Tag..87

Multiplexer..128

myTWI Add-On Temperatursensor..36

nslookup...96

OAuth-Protokoll..93

PCF8591..50
Eigenschaften des AD-DA-Systems...56

Physical Computing...5

Processing..5

Programmabarbeitung..

interruptgesteuerte..100
Programmstruktur...25
PuTTY...69
PWM..44
PWM Frequenz..44
Quelltexte...
   ACOMP.pde..127
   ADC2s.pde..134
   ADC3s.pde..138
   adda.pde...46
   DataLogger.pde...66
   DebugLCD.pde..60
   DS1307_Setup_1.pde...72
   DS1307_Setup.pde...69
   ExternalInterrupt.pde...107
   free_running_adc.pde...49
   HelloWorld1.pde..30
   msecTimer.pde..117
   myTWI_Temperatursensor.pde..40
   PCF8591.pde...55
   PCINT.pde..110
   ReadRFID.pde...76
   SecTimer.pde...119
   ServoTest.pde..35
   ShiftBrite.pde..32
   SHT21_Mail1.pde...100
   SHT21_Twitter.pde..95
   SHT21_Webserver.pde...85
   SHT21_Webserver1.pde...91
   Template.pde...27
   Watchdog.pde..124
   Webserver.pde..81
Referenzspannung..128, 130
Refresh der Webseite...87
Register..
   ACSR..125
   ADCH...129
   ADCL..129
   ADCSRA..129
   ADCSRB..125, 129
   ADMUX..129
   EICRA...105
   EIFR..105
   EIMSK..105

PCICR..........108
PCIEx..........108
PCMSKx..........108
TCCR1A..........114
TCCR1B..........114
TCCR2A..........113
TCNT1..........114
TIMSK1..........114
WDTCSR..........121

Return from Interrupt..........102

RFID..........73

RFID Tags..........73

RFID-Reader..........73

RFID-Standard..........73

RTC..........61

SD Card..........61

Servo Ansteuerung..........34

Shields..........15
   Adafruit Servo/Stepper/DC Motor Shield..........18, 33
   Data Logging Shield..........61
   Ethernet Shield..........19
   ProtoShield..........17, 28
   SD Card Shield..........19
   Übersicht..........15

ShiftBrite RGB LED..........30

SHT21..........82

Sketch..........21

Software Releases..........140

Tabelle
   in HTML erstellen..........86

Telnet..........96

Temperaturmessung..........35

Template..........27

Tiefpass..........44

Timer1..........118

Timer2..........115

Timerperiode..112
Triggerquelle...132
Tweets..92
Twitter...92
Twitter Account...93
Twitterer...92
UNIX Timestamp..69
VT100-Mode...69
Watchdog..120
Webserver...80
Wiring...5
Wiznet W5100...
    Ethernet Chip..19
__DATE__..68
__TIME__...68

Notizen:

www.ingramcontent.com/pod-product-compliance
Lightning Source LLC
Chambersburg PA
CBHW070240230526
45470CB00002B/461